很生气，
怎么办？

[日] 菅野昭子 ——— 著　刘保萍 ———— 译

民主与建设出版社

·北京·

© 民主与建设出版社，2020

图书在版编目（CIP）数据

很生气，怎么办？ / （日）菅野昭子著；刘保萍译
. — 北京：民主与建设出版社，2020.9
ISBN 978-7-5139-3154-0

Ⅰ.①很… Ⅱ.①菅… ②刘… Ⅲ.①儿童 – 情绪 –
自我控制 Ⅳ.① B844.1

中国版本图书馆 CIP 数据核字 (2020) 第 147653 号

著作权合同登记号 图字：01-2020-4899

很生气，怎么办？

HENSHENGQI ZENMEBAN

著　者	［日］菅野昭子	
译　者	刘保萍	
责任编辑	程　旭　周　艺	
封面设计	仙境设计	
出版发行	民主与建设出版社有限责任公司	
电　话	（010）59417747　59419778	
社　址	北京市海淀区西三环中路 10 号望海楼 E 座 7 层	
邮　编	100142	
印　刷	唐山富达印务有限公司	
版　次	2020 年 9 月第 1 版	
印　次	2020 年 9 月第 1 次印刷	
开　本	880 毫米 ×1230 毫米　　1/32	
印　张	6.5 印张	
字　数	100 千字	
书　号	ISBN 978-7-5139-3154-0	
定　价	42.00 元	

注：如有印、装质量问题，请与出版社联系。

给老师、未来的老师和教育相关人员的话

近年来，发生在小学的暴力事件数量逐年增加。特别受到关注的是此类事件发生人群的低龄化。

为什么愤怒的情绪会通过暴力手段被表现出来呢？

那是因为，孩子们并没有注意到还有其他表现愤怒的方法。

孩子们由于不知道控制自己情绪的方法，往往会陷入一种发作性的"爆发愤怒—否定自我—被周围人群孤立"的恶性循环。想要切断这种恶性循环，愤怒管理是一种行之有效的方法，也是本书想要教给大家的方法，希望所有的孩子都能够妥善管理好自己的愤怒情绪，不因愤怒而让自己悔恨。

愤怒管理，使其成为可能。根据使用目的，本书分别讲述了控制愤怒的技巧和在生活中、课堂上能传授这项技巧的方法。

希望本书能在日常的教育工作中为各位读者提供帮助。

给父母们的话

早上将孩子送到学校时，你是否会感到焦躁不安呢？

任凭自己将这种压力发泄到孩子身上，你是否曾对此感到万分后悔呢？

你是否担心过自己的孩子比其他孩子更容易生气？

本书就愤怒的构成和自我控制愤怒情绪的愤怒管理方法进行了详细说明。为了让父母和孩子能够共同运用愤怒管理法，书中准备了许多在日常生活中就能用的方法。这样一来，父母还可以自然地深化与孩子之间的信赖关系。况且，愤怒也并不一定就是坏事。

衷心希望大家能够加深自己对愤怒的理解，与孩子一起度过快乐、充实的美好时光。

最后我想表示感谢。感谢日本愤怒管理协会的代表理事安藤俊介先生，给予了我从事愤怒管理工作的契机，感谢提出了许多宝贵建议的户田久实理事，感谢为我提供了本书写作机会的 KANKI 出版社的江种先生和作家小森女士，以及得力助手莉莉（音译）和阳奈（音译）。此外，还要衷心感谢在我埋头创作的过程中，以包容之心为我提供了莫大支持的家人们。

菅野昭子

你是哪种类型？
不同性格的愤怒管理方法

请选择与自己相应的选项并前进。

（选择时，根据自己的第一反应选，不要深入思考）

 开 始！

被别人指责了，即使别人说的是正确的，自己也会生气

否 ｜ 是

觉得自己相对比较宽容 ｜ 对于自己觉得错误的事情，会一直和对方争论，直到对方屈服

是 ｜ 否 ｜ 是 ｜ 否

会在意对方的想法
是 1
否 2

会被人说我行我素
是 2
否 1

忘记做作业什么的简直不能相信
是 4
否 3

认为一个人是无法生存的
是 3
否 4

不同类别·倾向与对策

类型 1 → 愤怒体温 36.0℃·和平主义稳妥型

对于一些小纷争可以像什么事都没有一样一笑而过。但是，由于内心容易积攒不满，所以最好一有机会就花些时间整理自己的心情。

推荐方法：呼吸放松法（94 页）

类型 2 →愤怒体温 36.8℃·我行我素型

十分珍惜自己的时间，但又觉得总是一人独处会很寂寞的外冷内热的人。一天之内的心情会不断发生变化，所以要注意不要过分牵连到身边的人。

推荐方法：落地现实法（90 页）

类型 3 →愤怒体温 37.8℃·怒气冲冲型

能熟练地转换愤怒动机的类型。除了自己之外，还会非常用心地为对方应援，所以在周围人中很受欢迎。不过，如果过于热心有可能会变成多管闲事的人。

推荐方法：重复歌谣法（92 页）

类型 4 →愤怒体温 39.5℃·充满爱与正义的暴脾气型

这类人不论是对别人还是对自己都十分严格。任由自己的怒气横冲直撞，当有所察觉时已经被孤立。这类事在这种类型的人身上屡见不鲜，要拥有与周围同伴进行良好交流的意识。

推荐方法：愤怒数值化（48 页）

各个步骤的效果

通过 4 个章节的各个步骤，可以达成以下的课题。

请根据孩子的成长，选择适当的方法组合使用。

步骤名称	目的和能够取得的效果	等级	页数
愤怒管理研讨会开始之前	意识到要开始学习关于愤怒管理的内容	★★	98
试着思考各种各样的情绪	了解自己心中存在着各种各样的感情	★★	102
生气的好处·生气的坏处	把握拥有愤怒情绪的好处、坏处	★★	105
如果像这样生气的话？	思考用令人不快的方式表现愤怒的影响	★★	108
愤怒是第二层感情	了解隐藏在愤怒之下的第一层感情，找对焦点的方向	★★	110
生气的理由	明白决定开启愤怒的人是你自己这件事	★★★	115
寻找"应该"！	思考自己所认为的"应该"，同时意识到每个人都有各种各样不同的思考方式和感情	★★★	118
愤怒的魔法·咒语	学会抑制愤怒反射的技巧	★	121
尝试 6 秒法则	愤怒的峰值时间是 6 秒，学会抑制愤怒反射的思考方式和快速冷静的方法	★★★	124
6 秒有多长？	体会 6 秒到底有多长	★	126
介绍自己	了解触发自己各种感情的开关在哪里	★★	128
分析自己的愤怒	把握自己的愤怒倾向并有所防备	★★★	130
介绍朋友	更深层地了解对方的感受	★★	133
愤怒笔记	了解自己感受到的愤怒，客观看待自己的愤怒情绪	★★	135

步骤名称	目的和能够取得的效果	等级	页数
愤怒等级	明白即使是同一件事，不同的人感受愤怒的方式也是千差万别的	★	138
身体信号	了解自己在愤怒时身体的反应	★	141
和愤怒玩耍	通过将愤怒进行立体表现，给人一种自己的愤怒由自己掌控的印象	★	144
生气时你在想什么？	明白在感到愤怒的那一瞬间，会涌现出各种各样的感情	★★	146
因为什么事情而生气？	明白愤怒的事情与愤怒的程度因人而异	★★	148
生气？原谅？不生气？	明白愤怒点也因人而异	★★	150

等级参考

★…5岁左右的未就学儿童 ~，★★…小学一、二年级学生

★★★…小学三、四年级学生

CONTENTS

第 2 章　活用愤怒管理

第 2 部分　实践篇

第 3 章　可以即刻使用的愤怒管理法

不同模式·愤怒的表现方法

第 4 章　愤怒管理研讨会

第1部分

基础篇

> 愤怒管理，简单地说就是"愤怒的区分"。在基础篇中，我们首先通过学习"愤怒"的构成，让自己可以掌控自己的行动和意识。让我们一起来学习在控制自己感情的同时，熟练地表达愤怒的方法吧。

第1章　什么是愤怒管理
　　　　→学习愤怒到底是什么

第2章　活用愤怒管理
　　　　→学习表达愤怒的方法

第 1 章

什么是愤怒管理

愤怒到底是什么？

什么是愤怒管理？

关于愤怒管理，一种可靠的说法是它是于 20 世纪 70 年代诞生于美国的一种心理科学，最初是一个针对少数人的精神支持项目，以与"9·11"恐怖袭击事件同时发生的多起恐怖事件为契机，开始在美国境内得到进一步扩散。与日本不同，美国医疗费颇高，就医困难，同时一部分人被迫要面对由于这些恐怖事件而产生的愤怒情绪。在这样的环境下，以这些人为中心，愤怒管理瞬间被大范围普及。

在移民众多的美国职场中，人们常常会半开玩笑地说道："如果你积累了那么多的愤怒，何不去试一试愤怒管理呢？"

愤怒管理，简单地说其实就是"愤怒的区分"。

充分了解自己的愤怒，必要的时候使用一些科学手段，就可以改变自己的行动或意识。

此外，通过日常的实践，自己会慢慢变成一个能够与心中的愤怒情绪和平相处的人。

愤怒管理≠不生气

一听到"愤怒管理"，会有人认为这就意味着"不生气，强忍愤怒的情绪"。但是，进行愤怒管理的目的并不是为了不生气。

不生气，也就是不能向外发泄自己的愤怒情绪，这样一来愤怒情绪就会变成一把利刃，反过来伤害自己，人就会变得容易自责。

强忍愤怒，可以比作一个老旧的抽屉柜，柜子里已经塞得满满当当，抽屉都关不上了，此时如果硬要把某个抽屉关上，要么会导致抽屉损坏（人的心理被伤害）；要么这个抽屉会把别的抽屉挤出来（一些和你原本生气的事情完全无关的事将使你爆发愤怒情绪），也就是说愤怒会换一种形式被表现出来。

愤怒管理指的是：该生气的时候就生气，但是，没必要生气的时候就不生气。

换句话说，愤怒管理的目的是：消除那些"不该生气"和"本该生气"的后悔情绪。

"人是不可控制的"

此外，愤怒管理是基于"人是不可控制的"这一想法之上的。

如果你硬要去控制不可控制的事物，当它没有按照你的想法进行，你就会愤怒。

当你的这种愤怒情绪被激化，周围人就会被波及，他们的态度则会变得更加强硬，而你想要控制的事情反而会变得更加难以控制……这样，你就陷入了滚雪球般的恶性循环。

愤怒管理，不是去"改变谁"或者"解决谁的愤怒"，而是要去"解决自己的愤怒"。

愤怒管理可以被应用于各种领域

在愤怒管理的诞生地——美国，律师、政治家、运动员等，活跃于各个领域的人都在进行着愤怒管理。

比如著名的网球运动员费德勒、职业高尔夫运动员沃森，等等，都已经掌握了愤怒管理的技巧。

还有，暴力事件参与者以及超速行驶的人，听从法院的命令去参加关于愤怒管理的讲习活动，这也是十分常见的。

此外，以"愤怒管理"为主题拍摄的一些电影和电视剧已经在加利福尼亚州的许多小学被使用，且这个主题的作品数量现在还在增加。

近年，愤怒管理在日本也被广泛普及。

例如，包括医疗机构在内的许多大型企业等，在各种领域都需要用到愤怒管理。野村证券鼓励全体员工去参加愤怒管理的讲座。在冈山县和千叶县，有些小学还将愤怒管理的课程划入正式的教学当中。

在教育领域，大阪的樱宫高中发生了由于某顾问利用职权骚扰，导致该校篮球部队长自杀的事件。以这件痛心疾首的事为契机，许多与教育相关的人员也参与了愤怒管理的课程学习。

我个人也已经向许多教育委员会、小学、初中、高中讲授过愤怒管理的内容，也正在向育儿期的父母传达着愤怒管理的重要性。

在每一次讲座中，我都能从大家的热情中切实地感受到社会对愤怒管理的高关注度和高需求度。

每个人的愤怒点各不相同

被踩了脚

被别人说了坏话

没有借到东西

与他人的约定被打破

交给别人的事，别人没有做

愤怒到底是什么？

不管怎么看，愤怒都是一种难对付的情绪。

但是，愤怒这种情绪真的一无是处吗？

如果是，那么我们到底为什么要带着这种又麻烦又没用的愤怒来到这世界上呢？

愤怒是感情的一种

在进行愤怒管理时，首先有必要了解"什么是愤怒的感情？"这个问题。

请大家思考一下愤怒这种感情。

愤怒是感情的一种。与我们所说的喜怒哀乐一样，愤怒也可以说是我们的感情中十分具有代表性的一种。

那么感情又是什么？据电子版《大辞泉》记载，"感情"是指"感受外界事物而产生的心理反应，由对外界刺激的感觉和观念所引起的对某一对象的态度和价值定位"。

所谓"感受外界事物而产生的心理反应"，就是说无论是什么东西，人们都会对其自然地产生感觉，这种感觉没有好坏之分。

也就是说，产生愤怒的感情这件事本身，绝对不是坏事。

愤怒有非常重要的作用

试想一下你生气的时候的样子。

被别人说了坏话，被别人踩了脚，别人不听自己说的话……

这些都是感到"自身受到了某种危害"的时候。在这些时候人们有一个共同点，那就是情绪突然爆发。

实际上，当我们感到自己的人身安全受到威胁时，会使用愤怒的情感去威吓、攻击对方，或者以逃跑来保护自身的安全。

愤怒正是带着这样一种重要的使命，存在于我们的感情当中。

愤怒是重要的、需要认真对待的感情

虽然愤怒是一种重要的感情，但不知为何总是给人留下负面的印象。

其原因就是在感到愤怒之后，人们所采取的种种行动。

最近发生了一起事件，一位父亲为了教育孩子，将孩子独自一人留在了北海道的山中。虽然在大约一周的大搜救之后，孩子平安获救，但这位父亲为自己以教育之名将孩子的生命暴露在危险之中的做法感到无比后悔。

对于我们来说，愤怒是一种重要的感情，并不是坏事。

但是，愤怒需要我们认真对待，这一点是毋庸置疑的。

不可以生气吗？

在我们的成长过程中，愤怒是必要的感情之一，而人的感情也是多种多样的。

正如自古以来都有表现感情的"喜怒哀乐"这个词一样，在人的生命中，感情是不可或缺的存在。

在这些感情当中，非常重要却又难以处理的便是愤怒了。要说为什么，那是因为愤怒有时可能会破坏良好的人际关系。

但是，如果因为这种原因，就对这种情感一味地恐惧、回避，也绝非良策。

谁都会有愤怒的感情，愤怒是有原因的

例如在早晨的忙碌时间里，看到衣服换到一半的孩子在入迷地看电视，于是越来越烦躁，最后终于怒吼道："你打算看电视到什么时候！""动作快点儿！"这样的场景不论在哪个家庭都是经常出现的。

最终脱口而出的愤怒都是有原因的。

例如"上学不要迟到""不收拾洗干净的衣服"，等等。

但是，愤怒者真正的想法是，希望对方按时到校、把洗干净的衣服尽快收拾好。如果意识到了这一点，那么为了不让自己一时被

愤怒支配而歇斯底里，事后又感到无比后悔，最好先镇静下来，冷静地表达自己的愤怒。

愤怒是为了保护自己而产生的感情，不需要忍受

近年来，"赞扬式育儿"在社会中得到广泛普及，但是对于愤怒这一情感，似乎"不可以生气"这一扭曲的认识正在人们心中生根发芽。

但事实是，被压抑的愤怒不仅没有消失，反而朝着更糟糕的方向、通过不同的形式表现出来。

比如校园霸凌，很可能就是把在家庭中受到的被压抑的愤怒，在学校以攻击他人的方式表现出来。

接受自己心中的愤怒，并控制它

自己的愤怒属于自己，自己愤怒的责任也在于自身，决定让自己生气的，也还是自己。

我们是可以控制自己的愤怒的。

愤怒管理，可以比作是为了更好地控制自己这架飞机的方法，是让自己在"飞行"中即使遇到疾风骤雨也能够沉着冷静、平稳地到达目的地的技巧。

不当的生气方式会造成什么后果?

虽然生气并不是坏事，但是如果选择了不当的方式，则会给我们带来各种负面影响。下面介绍具有代表性的 3 点。

① 生气会给身体增加负担（对身体不好）
② 破坏费尽心力构建的人际关系
③ 生气的话，就无法得知一些重要的信息

下面，我们来具体讲述各点。

① 生气会给身体增加负担（对身体不好）

愤怒的情绪会以各种各样的形式给身体造成负担。

澳大利亚悉尼的一家急性心血管诊所就"距离发病 48 小时之前是否经历过愤怒情绪"这一问题，以被确认发病的 300 多人为对象进行了询问调查。

调查结果表明，经历了极端愤怒的患者在 2 小时之内的发病率是正常人的 8.5 倍。

而且，人一生气就会分泌一种叫作"皮质醇"的压力激素，不仅会使人感染病症，据说还会让人面临更高的患癌风险。

因为皮质醇被分泌后产生的活性酵素会使细胞更容易氧化，因此皮质醇也被叫作"老化激素"。

此外，如果愤怒的矛头指向自己，就会给自己造成精神甚至是身体上的伤害。

② 破坏费尽心力构建的人际关系

不当的愤怒会破坏原本良好的人际关系。

构建一张人际关系网需要花费很长的时间，但是将其破坏却可以是一瞬间的事。之后我们很可能要花费大量的时间和精力去修复，然而无法恢复如初。

如果没有与他人的联系，我们是无法生存下去的。

如果想要愉快惬意地生活，掌握处理愤怒的方法是非常重要的。

③ 无法得知一些重要信息

说起日本最有名的小学生，当属矶野鲣男和野比大雄了吧。

那么，大家知道这两个人有什么共同点吗?

答案就是：藏试卷。

鲣男曾把试卷藏在父亲十分珍惜的壶里。而大雄为了不让妈妈看到自己的零分试卷，拜托哆啦Ａ梦千方百计地帮自己找一个藏试卷的好地方。大家知道这是为什么吗？

答案就是：讨厌被训斥。

如果一个人总是被训斥，他就会想办法不去刺激生气的人。结果，这个生气的人就无法得到相应的重要的信息。

对于双方来说，这会产生很多负面影响。

藏试卷对于孩子来说是一种"风险回避"

生气方式不当会使生活变得艰难

虽然刚才只介绍了3种生气的负面影响，但生气导致的不良后果还有许许多多，例如没能把核心信息传达给对方、失去工作而陷入经济困境等。

如果选择了不当的生气方式，生活的各个方面都会变得棘手起来。

人们常说"性急吃亏"，而且所谓的"暴脾气"，也常常被人说作肚量狭小。可我们都不会愿意被别人看作一个肚量狭小的人。

也就是说，我们需要更加熟练地把愤怒进行区分，让它成为我们的助力。

意识不到自己在生气的情况

前面说明了关注愤怒的表现方式的重要性，但在这当中也有人意识不到自己正在生气。

大家能意识到自己在生气吗？

教师有相当高的愤怒风险

即使是对于教师来说，通过行动表现自己的愤怒这件事，也伴随着相当大的风险。

现在，对于整个社会和监护人来说，"体罚"一词是十分敏感的。

哪怕处于指导、教育这一环节，只要教师举起了手，那么无论什么理由，都不会被世人所接受。最坏的结果，教师被开除也是有可能的。

在这样的情况下，想必有很多人都在压抑着自己的愤怒吧？

身体的疼痛是疼痛，心灵的疼痛是愤怒

如前所述，愤怒是我们的一种不可或缺的感情。

身体的疼痛是疼痛，心灵的疼痛是愤怒

负面感情总有一天会溢出

或许有些唐突，我想问一个问题，如果你感到头痛，你会怎么做呢？

不妨认为身体的疼痛是疼痛，心灵的疼痛是愤怒。

身体上令人不快的疼痛感，它向我们发出身体危机的信号，我们会根据这种信号去吃药，去看医生等，做出相应的救治。

但是，如果我们意识不到心灵的疼痛即愤怒的话，我们就无法进行心灵的救治，终有一天造成无法挽回的后果。

自己的心理状态如何？

有没有在生气？愉快还是不愉快？

理解自己的感情是非常重要的。

不能生气的孩子们

在孩子们当中，有一些"不能生气的孩子"，这一点在有弟弟或妹妹的孩子身上表现得十分明显。不能给父母添麻烦、不能让父母担心……这种教导让他们变得过于温柔，且通常会压抑自己的情感。

但是，将自己的感情封锁、关闭在内心深处，很有可能会让事情向着不好的方向发展。有时这会导致校园霸凌，有时这会让孩子伤害自己，对孩子的身心造成不良的影响。

孩子的忍受力是有极限的。当孩子无法救治自己的心灵时，作为大人的你最应该做到的，就是意识到他们心中的愤怒。

了解会成为问题的 4 种愤怒

愤怒本身并不是坏事。但是为了不让自己后悔，对以下 4 种愤怒加以控制是非常重要的。

1. 高强度的愤怒

一旦开始生气就停不下来，一直要到怒气完全发泄完为止。这种无法停止的愤怒最后会导致"过度愤怒"。当你突然回过神来，就会感到懊悔，不明白为什么自己会如此生气。

2. 持续的愤怒

一直沉浸于过去，过去感受到的愤怒一直持续到今天，对数年前的事情仍然像刚发生一样感到愤怒。

总是被已经过去、已成定局的事情占据着心灵，而无法好好享受当下，这是十分遗憾的。

3. 高频率的愤怒

如果总是对一些鸡毛蒜皮的小事感到焦躁，一天中的大部分时间都浪费在生气上的话，就没有精力去感受其他的美好情绪。

只顾着生气，也无法集中精力于此时此刻必须要做的事情。

4. 有攻击性的愤怒

愤怒的攻击性有很多朝向。

如果朝向他人，就会破坏人际关系；朝向物品，就会使物品遭到破坏；朝向自己，就会对自己造成伤害。

人际关系的破坏往往是一瞬间的事，但是要恢复却要花费大量的时间，而且无法恢复如初，你越是执着于修复关系，越是会感到无比后悔。

愤怒的形式多种多样

有人的愤怒强度大但没有持续性，有人的愤怒频率高且有持续性。愤怒的攻击性朝向也各不相同。每个人愤怒的表现形式都是各不相同的。

想要使自己的愤怒更容易控制，关键在于提前了解自己的愤怒属于哪种类型。

请根据下一页的图表所列出的"强度""持续性""频率""攻击性朝向"测试一下自己的愤怒的特点，以满分 10 分的基准为自己打个分吧。然后将每一项的分数点连接起来，形成一个三角形。这样就能了解自己的愤怒属于哪种类型了。

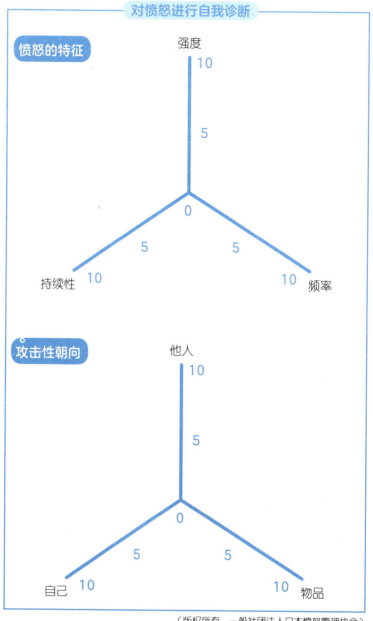

对愤怒进行自我诊断

愤怒的特征

强度
10
5
0
5　　　　5
持续性　10　　　　　　10　频率

攻击性朝向

他人
10
5
0
5　　　　5
自己　10　　　　　　10　物品

愤怒的构成（一）
愤怒是第二层感情

　　虽然愤怒是一种非常强烈的情感，但它不是单独存在的。这是因为愤怒这种情感，是从各种各样的情感当中生出的第二层情感。

　　请想象自己的心中有一个水杯。

　　在日常的生活中，我们总会产生"想要这样做""后悔""悲伤""痛苦"等负面情感，这些负面情感会一点点堆积在心中的水杯里。这些感情被叫作"第一层感情"。

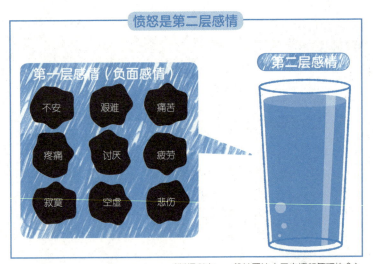

愤怒是第二层感情

第一层感情（负面感情）

不安	艰难	痛苦
疼痛	讨厌	疲劳
寂寞	空虚	悲伤

第二层感情

（版权所有：一般社团法人日本愤怒管理协会）

注意隐藏在愤怒之下的"第一层感情"

我们心中有很多像悲伤、寂寞、疲劳、不安、疼痛、不满、焦虑、失望等各种各样的负面情绪。这些"第一层感情"不断堆积，最后会从我们心里的水杯中溢出来，使我们产生愤怒的情感。

如果我们因为这种愤怒而忘却了自我，那么掩盖于愤怒之下的真正想让对方理解的情感，即原本可以解决问题的线索，对方自然也就无从得知了。

因此，如果现在的自己已经能够开始意识到"怎么会生气呢……"这样的问题，那么下一步就要开始思考"第一层感情是什么？"这个问题，然后再着力去消解自己的困惑。

当别人向你发脾气时

例如，当孩子的家长这样对你说："老师，我家那孩子不管怎么说都不做作业！老师要好好教导才行啊！"这个时候如果你回应："作业就是要在家里完成的，所以那是你们家长的问题。"或者"我有好好在教导啊，时间有点紧，不好意思。"局面会如何发展呢？无疑是在火上浇油，增加家长的愤怒。说不定，你还会由于这样的话，难以进行今后的工作。

所以，当遇到别人朝你发泄愤怒时，首先意识到"对方心中的水杯已经装满了"这一点，在心中留出一定空间，就能够更从容、平和地接受对方的愤怒。

然后，试着想一想"对方的第一层感情是什么？"这个问题。

比如对孩子没有好好听话的不满、悲伤，或是对不做作业的孩子未来的担忧，进而还可能有对老师产生的不满等，可以看到有各种复杂的情绪交织在一起。

首先，关注对方的感情是什么。

然后，努力去消解这些感情。

这种做法不是去传达自己的想法和心情，而是去接受对方的感情（同感），并在力所能及的范围内帮助对方去消除这些第一层感情。

在这一过程中，认可对方（在这个例子中指孩子家长）的努力，理解对方的不满情绪（如果自己的心情被理解，相信对方也能冷静下来听听别人的意见）。这样一来，双方就能够做到心平气和地共商良策。

有时也可用毅然决然的态度拒绝对方

日本教育信息网站"ReseMom"于2014年以小学、初中、高中的教师为对象展开了一项调查，对于"是否曾有过应对'怪兽家长'的经历"这一问题，有51%的教师都回答了"有"。

加上回答"自己没有过但是学校里有人有过"的人（35%），共有86%的教师都回答自己或是校内人员有过应对"怪兽家长"的经历。

大家或许也曾有过碰到别人不讲道理地发脾气的经历，在必要的时候，毅然决然地拒绝也是很重要的。

但是不管在什么情况下，重要的一点就是，要先从听对方说话、接受对方的情绪开始。

当遭遇孩子的怒气

孩子的愤怒构成也同大人一样。原本孩子们就想要在安心、安全的地方被呵护、被满足。一旦这个愿望由于某些原因无法实现，孩子心中的第一层感情就会堆积。

某一天突然爆发出来，孩子就会扔东西、伤害身边的小朋友、说出粗鲁的话等，做出一些反常的举动。

这时，你会向孩子们说些什么呢？

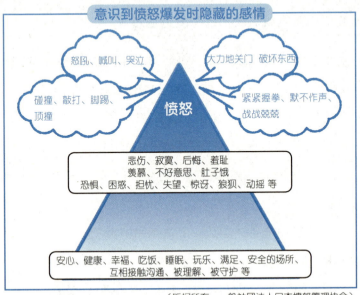

意识到愤怒爆发时隐藏的感情

怒吼、喊叫、哭泣

大力地关门 破坏东西

碰撞、敲打、脚踢、顶撞

愤怒

紧紧握拳、默不作声、战战兢兢

悲伤、寂寞、后悔、羞耻
羡慕、不好意思、肚子饿
恐惧、困惑、担忧、失望、惊讶、狼狈、动摇 等

安心、健康、幸福、吃饭、睡眠、玩乐、满足、安全的场所、
互相接触沟通、被理解、被守护 等

（版权所有：一般社团法人日本愤怒管理协会）

　　"不准扔东西！""为什么要伤害朋友"这样的话，不仅毫无意义，而且还会成为伤害孩子的一把利器。

　　每天总是被训斥的孩子，会觉得"反正他们是不会理解我的"而变得气馁灰心，行动也会偏激，有可能还会给自己一种"我不行"的心理暗示，使其自我肯定感逐渐下降直至消失殆尽。

　　然后到了被称作"帮派年龄"的小学四年级，孩子就会逐渐封闭心灵，说话方式也会渐渐变得偏离正轨。

　　不要只是盯着孩子的表面行为，对其根本的感情需要也要加以重视。对孩子的理解越深，与孩子之间的羁绊就会越深。

愤怒的构成（二）
让我们生气的"应该"的感情

让我们生气的根本原因是什么？

当问题出现的时候，我们总是容易把责任归咎于他人。

但是，那是错误的。

让我们感到生气的最根本的原因是我们心中的"应该"的想法。

生气的理由是什么？

在感到愤怒时，我们的心情会经历以下①～③的阶段。

①事情发生

②对发生的事情形成自己的认识

③涌起愤怒的感情

然后，将心中的"应该"与现实进行对比，决定自己要不要生气。所谓的"应该"是"表现自己的希望、欲求的语言"，我们心中怀揣着许许多多的"应该"。

例如"应该遵守规则""应该打招呼""早饭应该是面包""应该遵守约定"等。

我们所认为的"应该"不一定只有一个，而是涉及方方面面，有很多个。

生气之前的三个阶段

第一阶段 事情发生
看到发生了某事，或听到了谁说了什么话等

被踩了脚

第二阶段 认识与意义
仔细思考第一阶段发生的事情，对其形成自己的认识

在这个阶段将心中的"应该"与现实对照

踩到别人就应该道歉

第三阶段 产生愤怒
形成自己的认识之后，如果对于发生的事情无法接受，就会产生愤怒

当我们心中的"应该"与眼前的现实不符时，我们就会涌现出愤怒的感情。

比如说，我们在地铁内看到一个人在旁若无人地高声打电话，往往会感到被打扰，从而很烦躁。相信这种经历大家都有过。这就是我们心中的"在地铁中应该控制通话音量"这个"应该"与眼前的现实相冲突的一个例子。

"应该"是非常"麻烦的"价值观

可以说让我们生气的"应该"，实际上是非常麻烦的。要说为什么，因为：

1. 自己所认为的"应该"不一定适用于其他人

认为"回到家应该先做作业"的大人的"应该"，就不适用于认为"回到家应该先吃零食"的孩子。

2. 即使认为"应该"的事情相同，但对其具体的执行程度也因人而异

在认为"咖啡里应该加糖"的人当中，有人认为加 1 勺就好，也有人觉得需要加 3 勺。

3. "应该"随着国家和时代的变化而变化

过去人们都认为应该给孩子的所有物上都写上名字，或贴上名帖。但最近由于诱拐等事件的影响（犯罪分子可以准确地叫出孩子

的名字，从而降低孩子的警惕性），这一价值观正在逐渐崩塌。

你或许认为"应该"是一种确定无疑的东西，但是实际上，它却是如此模棱两可，而愤怒就生长在这种模糊不清的土壤之上。

试着写出你所认为的"应该"

例: **应该守时** 应该

应该

应该

应该

应该

应该

应该

应该

总因为这种模糊不清的"应该"而生气的我们有3点需要努力

我们总是把平时发生的事情与自己心中的"应该"进行对比，将其划分到三重圆（参考下一页）中的某一处，来区分是否应该生气。

但是，就像前面所说的那样，"应该"是一种模糊不清的东西。为了不被这种"应该"左右，希望大家努力做到以下3点。

① 努力扩大圆①、圆②的范围（增加可以原谅的事情）

② 把圆①和圆②扩大到一定程度之后，就保持稳定

③ 让别人了解你的底线（告诉周围人你的愤怒临界点）

①是指对于可以不用生气的事情就不要生气。有让人扩大心胸的意味。

但是，只是一味地扩大心胸也是不对的。你所认为的"应该"说到底也是你多年构建起来的价值观。认为不能忍让的事情就不必忍让。

此外，让别人明白你的底线也是非常重要的。

决定生气的人是自己

生气的原因不是"因为那个人""因为那件事"，而是因为你

自己决定要生气，于是便生气了。

但是，对于我们来说这其实是一件幸运的事。因为，我们不是因为他人而产生愤怒，而是因为"自己决定要生气"才会生气，这就意味着我们总是能够有办法去应对自己的愤怒。

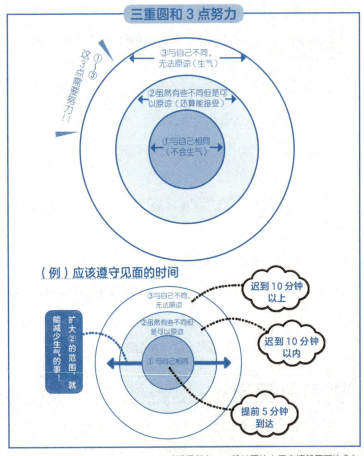

（版权所有：一般社团法人日本愤怒管理协会）

愤怒的岔路口

只为重要且可以改变的事情而愤怒

日常生活中，我们会在各种情况下感到愤怒。这些情况基本可以分为四类。

首先看它对自己是重要还是不重要，然后再进一步思考，判断自己是否可以改变这种现状。

希望大家只为对自己来说重要的且自己可以改变的事情而生气。

创造性地使用愤怒的力量

不重要的事情本来就没有必要费时费力去生气。

而如果为了虽重要但却无法改变的事情而生气，情况不仅不会有任何改变，还会让自己更加愤怒。

而且，愤怒的矛头还有可能从原本的事物上转移，指向其他重要的事情。

在这种情况下，就需要制定具体且现实的对策，接受现实。

而在那些重要且可以改变的事情上，才有可能最大限度地使用愤怒的力量。首先决定什么时候、怎么做、改变到什么程度，然后开始切实地采取行动。

试着将自己的愤怒在这个矩形中对号入座

可能改变 可以控制　　　　　　　无法改变 无法控制

最重要　　　　　　　　　　　　　　　　　　**重要**

可以改变　　　　　　　　　　　　**接受**

决定什么时候、怎么做　　　　　　找出现实且具体的对策
改变到什么程度

不重要　　　　　　　　　　　　　　　　**最不重要**

有时间时再解决　　　　　　**无须思考**

（版权所有：一般社团法人日本愤怒管理协会）

愤怒的峰值为 6 秒

若能合理地利用愤怒情绪,它将会成为成长的一大助力。但同时,我们身上也一定存在着一些"极不合理的生气方式"。

反射式愤怒 （标志为 6 秒）

将愤怒转移到行动上的时候,人们最想要避免的就是"反射性行动"了。

所谓"愤怒的反射",是指不经意间就发怒的行为,或是因为言语上的你来我往,也就是因"唇枪舌剑"而引发的愤怒言行。

虽说"不经意"一词听起来似乎很容易被原谅,但是由于这种"不经意"的愤怒而遭受了无法挽回的损失的人却数不胜数。

东京都教育委员会的"对平成 25 年（2013 年）发生的都内公立学校体罚事件的实态把握"的调查结果表明,由于"（被儿童的态度所刺激）一时感情用事""态度恶劣"这样的无法控制自己的感情而发生的体罚事件数量较多。

这不正是我们所说的反射性愤怒吗?

人们极力想要压抑的反射性愤怒,通常产生于事件发生之后的 6 秒内。这表明愤怒的爆发也是有迹可循的。

你或许会认为"什么嘛,不过 6 秒而已",那么请你一定要看着时钟的秒针，仔细体会一下 6 秒到底有多长。

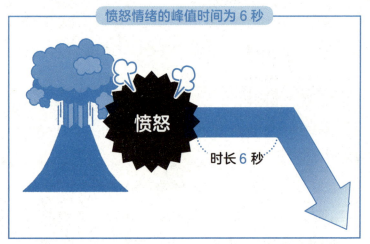

愤怒情绪的峰值时间为 6 秒

愤怒

时长 6 秒

自己心中的"应该"被现实违背时的 6 秒是很漫长的。而愤怒管理的关键就在于让人们知道在这 6 秒之内"用什么技巧去跨越愤怒""如何度过这 6 秒"。

第 4 章会介绍具体的方法，也请大家一定要在日常生活中不吝尝试、活用。

人格否定式愤怒

你是否曾在对别人发脾气时，不经意间说出"你真是废物""没出息""本性难改"这样的话?

如果这样的话能够产生让对方"重新来过"的力量自然是好，但是大部分听过的人都会陷入自责。

特别是如果老师说了这样的话，那对孩子的心灵造成的伤害，孩子一生都无法抹去。

从 2003 年开始，9 年间，福井大学的友田明美教授与美国哈佛大学的研究人员合作就"遭受虐待与大脑的关系"进行了研究，根据这项研究，我们将遭受虐待对大脑的损伤、不同种类的虐待对大脑不同部位的损伤分类表示为以下 4 种。

① 遭受严重体罚会导致大脑额叶萎缩——孩童时期长期遭受严重体罚的人，其大脑中与感情、与理性相关的前额叶皮质区有大约 19% 的萎缩。

② 遭受谩骂会导致听觉区域扩大——在孩童时期遭受言语虐待的人，其大脑中与会话和语言相关的"听觉区"会扩大近 14%。

③ 遭受性虐待会导致视觉区萎缩——在孩童时期遭受性虐待的人，其大脑中与视觉相关的视觉区会萎缩约 18%。

④ 目睹家暴会导致视觉区萎缩——在孩童时期频繁目睹家暴的人，其大脑中的视觉区的部分会萎缩约 6%。

（出处：《虐待导致"脑损伤"的冲击性数据：大脑或萎缩近

2 成》《AERA》2015 年 4 月 27 日号）

语言有可能成为伤人的利器，但根据不同的使用方法，也有可能成为无可替代的宝物。

请各位务必借此机会，认真钻研这些样本语言。

翻旧账式愤怒

人们在生气时总会说"那时候也是这样的吧""那时候我就想说了"这类的话，但是这些话的意义在哪里呢？

过去已经回不去，即使拿出过去的事情来逼问对方，结果也只能是把对方逼入绝境而已。

而愤怒管理，则是以"聚焦解决问题"的思维方式去思考问题。

"聚焦解决问题"是指，关注可变的未来，将注意力放到寻找解决问题的策略上去。也被叫作"关注未来""解决问题"的思维方式。

举一个例子，餐饮店的工作人员将小菜打翻了。

你可以怒斥他："你怎么打翻了小菜？！"但是即使你这样发了脾气，打翻了的小菜也已经被打翻，不会再恢复原状了。

而"聚焦解决问题"的思维方式是这样的：首先收拾好眼前的局面（清扫打翻了的小菜，并与店家商量被打翻物品的补送问题），然后思考该怎样做才能防止未来再次出现类似情况。这是一种重点不在于"为什么"，而在于"该怎样做"的思维方式。

比起无法改变的过去，我们更应该把目光投向可以改变的未来。

愤怒的事情随心而变

明明昨天还可以对孩子忘记带作业的事情一笑置之，今天却突然因此暴怒。像这样一天生气一天又不生气的做法，会让周围的人们困扰不堪。

别人做什么你会生气？关于这一点要有自己的标准，该生气的事情就生气，不该生气的事情就不要生气，要有绝不打破这一标准的坚定姿态，这是非常重要的。

同时还可以将自己的标准告诉身边的人，这样他们就可以根据你的标准去决定自己的行动。

如果大人能够保持坚定的姿态，孩子们也会去学习大人的"不后悔的愤怒方式"。

什么是愤怒日记

"愤怒日记"有助于人们冷静地应对、把握突发事件，并整理此刻涌现出的各种感情。

"愤怒日记"直白地说，就是"愤怒表现的记录"。通过记录，可以了解到自己当时的心情，对于思考下一步的行动、以最好的方法改善愤怒等都有帮助（"愤怒日记"模板见第 47 页）。

了解隐藏在愤怒之下的最底层的真实情感

如果开始了"愤怒日记"的记录，就能做到冷静地直面自己内心深处的真实情感。

也能够明白，愤怒是由痛苦、寂寞、悲伤、想要更多关心等所谓的"第一层感情"变化而来的情绪。

不过，需要注意的是，在孩童时期，由于词汇量的缺乏，有些孩子不能清楚地表达出这些第一层感情。即便如此，随着这项工作的不断推进，孩子的语言表现力也会逐渐增强，最后也就不再有什么事需要生气了吧。

专栏　日常生活中要特别留意的事

1. 睡眠

睡眠不足会导致调节感情的能力下降。

厚生劳动省发布的《创造健康的睡眠指针 2014》中的第 1 条写道，良好的睡眠有益身心健康。在这一条内容中，也记载了与其相关的科学依据。"在一项以身体健康的正常人为研究对象的调查实验中，若实验性地剥夺其睡眠，研究对象会出现身体异常、不安、精神抑郁、被害妄想症等症状，并逐渐恶化。感情调节能力、建设性思考能力、记忆力等，这些以心脏的健康状态为基础的人体重要认知功能会出现一定程度的下降。此外，睡眠不足还会导致管理人体感情调节功能与执行能力的前额叶皮质区与大脑边沿系统的代谢活性下降，还会导致压力激素皮质醇的分泌量增加。"

美国国家睡眠基金会（National Sleep Foundation）的建议睡眠时间为：3~5 岁需 10~13 小时，6~13 岁需 9~11 小时。

※ 身体必需的睡眠时间因人而异。此数据仅为参考。

2. 吃饭

关于吃饭的内容是非常重要的。吃什么，吃多少这些问题，各位也可以参照饮食教育的相关课程。大家可以使用以下所列出的食材，试着制作愤怒管理菜谱，或许会是一件乐趣十足的事。

钙 → 可以使心跳更有规律，使肌肉收缩更顺畅，还有镇静心情、缓解焦虑情绪的作用。

◆ 牛奶·奶制品、小鱼、老豆腐、黄麻等

维生素 B 群 → 有舒缓疲劳怠滞，恢复人体活力的作用，还可以有效防止皮肤粗糙和口腔溃疡。

◆ 牛奶·奶制品、猪肉、鲣鱼、纳豆、大蒜、糙米等

镁 → 有助于抑制精神亢奋，消除不安情绪，缓解头痛。（压力较大时镁会随尿液大量排出）

◆ 干裙带菜、干羊栖菜、干鱿鱼、杏仁、大豆等

蛋白质 → 缺乏时会导致肌肉量减少，人体活力不足，脑功能、记忆力与集中力下降等。

◆ 牛奶·奶制品、金枪鱼瘦肉、鸡蛋、大豆、纳豆等

（选自农林水产省主页）

3. 笑

经常展露笑颜对我们来说是非常重要的。

笑对我们的身心产生作用的对象主要有 3 个。

第一个是自律神经。笑可以使自律神经更具活性，使人体能够更加流畅自如地切换活动模式与休息模式。

第二个是大脑。笑可以促进有"脑内麻药"之称的多巴胺与内啡肽的分泌，此外还能够增加脑部的血流量。

第三个是免疫力。笑有活化免疫细胞中的自然杀伤细胞（natural killer）的作用。

（选自"日经 Gooday"网《即使是假笑也 OK！用笑容的力量提高免疫力》）

此外，感情反馈学说认为：首先，笑会使面部的表情肌肉得到活动，而这一活动会向大脑传达一种"今天我很快乐"的信号；然后，心情也会随之变得愉快起来。

我想在每一天都珍惜自己的笑颜。

第 2 章

活用愤怒管理

表达愤怒的方法

了解自己的愤怒（一）
写出自己的愤怒

想要控制自己的愤怒，首先要了解自己的愤怒。

记录自己的愤怒

如果你平时很容易焦躁，想采取一些措施来控制自己的愤怒情绪的话，那么首先，你需要了解自己的愤怒过程到底是怎样的。

而愤怒日记，就是让你在感到自己产生愤怒时，将自己的愤怒记录下来的一种方法。

推荐你制作一本愤怒笔记，即使记录的项目简单一些也无妨，在你每一次感到愤怒时，都把愤怒记录下来。

如果可以的话最好在当场就进行记录，但若你想在当天晚上记录也没有问题，重要的是做记录这件事情。

通过这种记录，你就能够冷静地面对正在心中燃烧的愤怒，也能够更清楚地理解自己心中愤怒的本质。

而且，如果你一直将这种记录坚持下去的话，你就会慢慢对自己的愤怒倾向有一个清晰的把握，比如自己容易在什么时候发怒（上午还是傍晚）、容易对什么事情感到愤怒（比如看到没有礼貌的人时）、容易对谁发怒等等。

此外，还能够慢慢地提前为自己的愤怒做好准备。

试着写出自己的愤怒吧（愤怒日记）

时间 日 时	发生的事情	采取的言行	原本想让对方怎么做
第一层感情 …………………			
愤怒分值 ………………分			

※ 使表格项目的排版设置方便自己填写

※ 除了纸之外，也可以使用手机或电脑记录

※ 愤怒分值在下一页进行说明

但是这种方法有以下几点需要注意。

①不要花费太多时间：如果非常细致地写，有可能会再次生气。

②即使要回忆记录以前的事，最多只回忆到一周之前，如果去写一年或两年前的事，有可能会再次生气。

③心情低落时不要勉强自己记录，会使自己感到更加难过。

了解自己的愤怒（二）
将愤怒数值化

愤怒是一种有变化范围的感情。它并不只是简单地分为"生气"和"不生气"，而是有轻度愤怒、中度愤怒和高度愤怒之分。

设定 10 分为满分，将自己感受到的愤怒数值化吧。

把握自己愤怒的强度

这是一种叫作"尺度化技巧"的方法，和"愤怒日记"（第46页）搭配使用会得到意想不到的效果。

假设 10 分为"人生最大的愤怒"，设定 9 分、8 分、7 分……，将愤怒划分为 10 个等级，然后试着思考自己感受到的愤怒属于哪个等级。

顺便说一下，10 分代表的是人生中最高级别的愤怒，一天当中不会多次感受到。而且即使一个人能够感受到这种强度的愤怒，也是一生一次的程度，甚至对一些特别不容易生气的人来说，可能根本就没有感受过这种愤怒。

像这样将自己的愤怒数值化，并一直坚持做下去的话，你就逐渐能够从客观的角度来看待眼前的愤怒，并且也逐渐能够正确、冷静地去计量自己的愤怒了。

此外，如果能够坚持做愤怒日记的记录的话，你就能够清晰准确地了解自己的愤怒强度，并且采取与之相应的方法，换一种温和的方式来表达自己的愤怒。

人们总是倾向于将自己的愤怒正当化，结果却往往是愤怒过了头。想要去控制用眼睛无法捕捉到的东西是很困难的，但是通过将其数值化，就能更加客观地看待自己的愤怒，沉着冷静地把握自己现在所感受到的愤怒的等级。

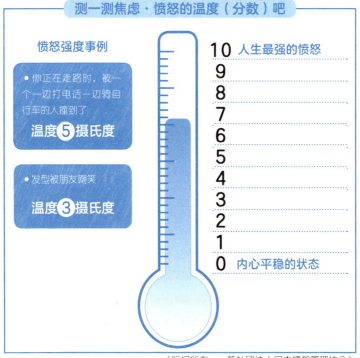

测一测焦虑·愤怒的温度（分数）吧

愤怒强度事例

● 你正在走路时，被一个一边打电话一边骑自行车的人撞到了
温度 5 摄氏度

● 发型被朋友嘲笑
温度 3 摄氏度

10 人生最强的愤怒
9
8
7
6
5
4
3
2
1
0 内心平稳的状态

决定愤怒的最终目的地

有一件事希望大家在愤怒爆发时一定不要忘记，那就是"决定愤怒的最终目的地"。

什么是愤怒的最终目的地？——到那时是否会展露笑颜

例如你的同事没有就某件事向你报告，你对此感到非常愤怒。由于你对这件事的不知情，有可能会招致十分严重的后果——对你自己来说，这件事不能就此一笑而过。

你感到非常生气，为了防止这种事情再次发生，你认为自己必须要做点什么。但是，到底要看到什么结果你才肯罢休呢？

是要去攻击那些打破了你心中的"应该"的人，将这些家伙"打"到体无完肤，你就满意了吗？

发生过的事情已经无法改变

今后，不要再发生同样的事情。大家难道不觉得这个才是最重要的吗？

我认为，愤怒的过程，就是在自己心中的"应该"没有得到实现的这种状态下，通过自己的一些行动，使这种"应该"得以实现的一个过程。这样看来，以糟糕的事态为由一味得理不饶人地责备对方，是没有任何意义的。

大家是否知道日本某大型食品公司制作的冷冻比萨中混入了农药的这一事件呢？经调查，该案的犯人就是生产线上的一名合同工，由于不满公司待遇而心生怨恨，才犯下了这样的罪行。

也许对这名员工来说，他所面临的状况已经万分严峻，不得不采取一些措施去改变。他似乎也曾向上司反映过他的问题，但是由于要求没有得到满足，他就决定要做出一些行动。于是他就在公司生产的商品中混入了农药。之后，该员工罪行败露被逮捕。

判决的结果是，犯人向公司支付 1 亿日元（约 637 万人民币）的损失赔偿费。

对于该犯人来说，最好的结果本应该是待遇得到改善，但是由于他被自己的愤怒支配而采取了极端措施，导致事情的结果与他本来的目的大相径庭。

所以，请大家在生气的时候，一定不要忘记"最终目的是幸福"这句话，恰当行事。

设定愤怒的最终目的地为"幸福"

如何与价值观不同的人相处

如前所述，当我们感到自己心中的"应该"被打破时，我们会感受到愤怒。

但是，大家应该明白，自己身边不可能全都是与自己心中的"应该"相符合的人。

每个人的"应该"都各不相同，与不同价值观的人相处，就是人生。

了解对方的"应该"

"为什么你就不能理解我呢？"相信大家一定对别人有过这样的想法。然而，我们要知道，别人的"应该"和你的"应该"一样，都是根据自己过去的人生经验建立起来的重要的价值观。

每个人的"应该"都需要被尊重，这些"应该"的背后都有其相应的根据。希望大家能够就这些背后的根据进行相互交流。

我们可以主动靠近

如果每个人都各自坚持自己的"应该"，那么大家都将是没有交集的平行线。不妨想一想，对方的"应该"中，是否也有自己能接受的内容？

如果我们能做到接纳对方，在互相尊重的同时互相靠近彼此的话，事情或许就能向着更好的方向发展。

可以坚持自己的"应该"，也可以与对方保持距离

如果你认为自己的"应该"无论如何也不能做出让步的话，当然也可以坚持。

而且，愤怒管理的目的是，消除自己所感受的"不该生气"和"没能生气"的后悔情绪。

以此为基础，当你判断出自己的"应该"和对方的"应该"不管怎样也无法相容的话，那么与对方保持距离也是一种选择。

大家怎么选择都可以

1. 主动靠近

2. 坚持自己的"应该"

乱七八糟　整齐有序

3. 与对方保持距离

书架就是"应该"整整齐齐

怎样选择都可以

我们可以选择主动靠近，或坚持自己的"应该"，或与对方保持距离。当然也可以选择迎合对方。

我们怎样选择是我们的自由。

但是，无论是自己的"应该"还是对方的"应该"都是很重要的。

前面已经说过，请大家不要忘记采取措施的最终目的是幸福，据此来决定自己该怎样行动吧。

有些细节无须在意

我认为人生就像开往幸福的列车，我们只需享受在每一站悠闲的停驻时光。

但是，有时我们不妨试试把愤怒当作一趟快速列车。

对待它的态度就是：无须停驻的时候就直接驶过。

如果有其他急事要处理，只需一路向前行驶就可以。即使（在这一站）发生了什么事情，如果在这里下车会让自己感到不快，那么即使不停车也并无大碍。

让这趟快速列车向着目的地飞速行驶吧。

到达目的地之后自有美好的时光等待着你，而且这趟列车也可以随时出发，驶向下一处重要的目的地。

理解愤怒的性质

接下来我们介绍一下愤怒的 5 个性质。了解了这些内容之后，就能够更加轻松自如地进行愤怒管理。

① 愤怒的强度随着关系亲密度的提升而增大

→ 现在，请试着说出令你感到焦躁的 5 个人。

丈夫、妻子、孩子、学生、同事、上司……你脑海中浮现出的，不正是你身边的人吗？

这恰好表现了愤怒的这一性质："对越是亲近的人，愤怒的强度越大"。这是因为人们往往会认为，与自己关系亲密的人，更能理解、接受自己的想法。

但是，即使是这样的人，也有他们自己所认为的"应该"。他们并不一定总能接受你的想法。然而，正是因为自己的想法没有被这些人所接受，人们产生了更强烈的愤怒。

但是即便如此，当我看到最近步入了青春期的女儿时，我仍会感到，有这么一些人能够让你可以安心地去表达愤怒，是多么幸福的一件事啊。

但是能够做到安心地表达愤怒这一点，是因为彼此之间有信任关系和爱的存在。不要忘记对方也是有血、有肉、有感情的人，这一点是非常重要的。

② 愤怒会从高处流向低处

→ 愤怒是一种连锁反应。

比如，你在工作中受到了上司的斥责，带着一肚子怒气闷闷不乐地回家。到家后，你很可能会在不经意间向家人发泄自己的怒气。然后，莫名遭受牵连的人，很可能会寻找比自己更加弱小的对象进行攻击。

被训斥的小孩子可能会攻击比自己更弱小的孩子，更弱小的孩子则可能会攻击小动物以寻求发泄……而看到了这一行为的成年人又会感到愤怒，以此，愤怒的连锁反应被不断扩大。

像这样，如果家中占据绝对地位的大人总是深陷于愤怒之中，那么地位弱小的孩子们常常会成为这种愤怒的承受者。

请读过了本书、了解了愤怒管理的你，一定要成为切断这种连锁反应的使者。

③ 愤怒的矛头指向并不固定

→ 愤怒的连锁反应，换句话说就是乱发脾气。

而且，讽刺的是，本该是最重要的家人，却总会成为这种乱发脾气的受害者。

④ 愤怒具有传染性

→ 愤怒是会移动的。

在会议上或是学校的活动中，如果有一个人十分焦躁的话，整个场面的气氛都会变坏，从而使事情无法顺利进行。因为比起其他的感情，愤怒是一种更为强力的感情，且它会飞快地被移动、传染。

⑤ 愤怒会成为行动的诱因

→ 如果将愤怒的力量向好的方向推动，那么它将会带动人们做积极向上的事情。

例如一开始你因为不会单杠翻转上杠而被嘲笑，经过坚持不懈的练习，你最终做到了。这就是将愤怒转化成积极推动力的一个例子。

了解了愤怒的构成，成年人可以首先学会愤怒管理，然后再引导小孩子进行学习。

通过建设性地使用愤怒的力量，一定会有积极正面的连锁反应发生。

尝试为自己定下目标

在愤怒管理中有一种叫作"制定自己的目标"的方法。换句话说，它指的就是：撰写自己未来的剧本。

那么请大家尝试着为自己制定目标吧。

目标图的制定方法

就像 60 页的图片一样，在那条上升直线的终点处写下自己的目标。在这一点之前沿着直线的方向画一条波浪线，在波浪线上写入可能会发生的事情。

写下的事情变为现实

我在自己第一次参加的愤怒管理讲座上，画出了我自己的这张目标图。

当时的我总是感情用事，反复经受着愤怒情绪管理的失败。

我为了更加详细地了解愤怒管理的知识而参加的这场为期两天的讲座，同时也是一场为了培养愤怒管理引导者的讲座。

那个时候，我认为"在人前讲话"这件事是自己无论如何都做不到的。

那么我没有理由不把它写下来，于是我就画下了后面的那张图。

·参加讲座 1 年之后（目标），在市主办的愤怒管理讲座中登台演讲。

·我还写到，为了实现这个目标，自己要在参加讲座的 4 个月之后，能够流畅地说出容易被人理解的话语（当时的我明明没有一点演讲的经验，但还是大胆地写了上去）。可以失败一两次，但是在第 3~5 次的时候，要做到习惯演讲，并且与演讲的会场融为一体。

·10 个月之后，由于冬天十分寒冷所以我整天在家闭门不出（每天都过得很散漫），但是还是会定期地举办讲座……总之，起起伏伏间，我不断地向着自己的目标靠近。

总是认为自己不可能举办讲座的我，在 4 个月之后开办了自己的第一场讲座。此外，虽然比计划稍微迟了一些，但是在两年后我也终于达成了在市主办的讲座中登台演讲的目标。

而现在，我也把愤怒管理的普及当作自己的正式职业，我的听众也由当初寥寥的 4 人，发展到了今天的 2000 多人。

如此，我的目标便实现了。

写下的事情变为现实

请大家也试着为自己制定目标。或许你也可以只制定从每年的 4 月到来年的 3 月这一年的计划。

通过制订这种计划，你就能够明确自己到底想要一个怎样的未来。而结果，你也能自然而然地看到自己应该做的事情。

需要注意的是，在写下自己的目标时，一定要怀抱着"这些目标会让自己一步步变得更好，所以必须要实现"这一强烈的信念。

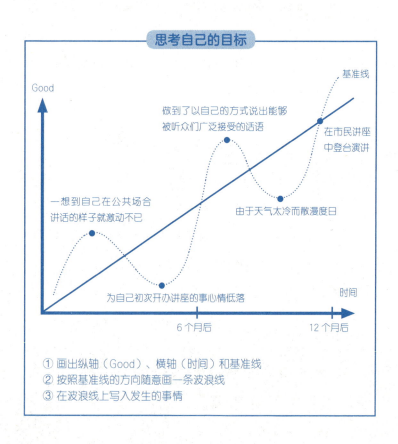

思考自己的目标

基准线

Good

做到了以自己的方式说出能够
被听众们广泛接受的话语

在市民讲座
中登台演讲

一想到自己在公共场合
讲话的样子就激动不已

由于天气太冷而散漫度日

为自己初次开办讲座的事心情低落

时间

6 个月后　　　　　　　12 个月后

① 画出纵轴（Good）、横轴（时间）和基准线
② 按照基准线的方向随意画一条波浪线
③ 在波浪线上写入发生的事情

你看，只要一制定了自己的目标，就没有多余的时间再去焦躁不安了。

在实现这些目标的时候，提倡"该怒则怒，不该怒则不怒"的愤怒管理，将成为你的一大助力。

如何减少心灵水杯中的水

为了让自己的每一天都能够轻松地度过，有些事情需要大家在日常生活中加以关注并着手去做。这里为大家介绍一些在生活中人人都可以轻松做到的简单的方法。

自己的心灵要"自己"整理

只要人活在世上，心灵的水杯就会不断蓄水。如果对其置之不理的话，焦躁情绪就会逐渐堆积。但是，换个角度想，我们也可以主动地去把握自己的心灵水杯。

下面介绍 3 种把握自己的心灵水杯的方法，请大家在日常生活中加以关注并尝试使用。

① 放松法（蒸发心灵水杯中的水）

做一些有氧运动、瑜伽或音乐鉴赏等自己喜欢的事，使自己进入与焦躁（紧张）相反的放松状态。

② 剧烈运动法（通过剧烈运动，一点点排出心灵水杯中的水）

运动可以使大脑分泌出被称作"幸福激素"的 BDNF（脑源性神经营养因子）和内啡肽，有稳定情绪的效果。

③ 积极暗示法（改变心灵水杯中水的颜色）

例如，将疲劳看作是自己努力工作的证明，看作是身体在发出"该休息了"的信号。

自己的心灵要自己整理

① 放松法

② 剧烈运动法

③ 积极暗示法

此外，将过多的工作看作是上司对自己的信任，将悲伤看作是未来幸福的肥料……就像这样，通过改变自己的思考方式和处理方式，心灵水杯中水的颜色就会发生变化。心情得到了放松，自己可以容忍的事情就增多了，那么与此同时，心灵水杯的容积（肚量）也就自然而然地变大了。

最后，自己的心灵水杯被排空，也能够给人留下神采奕奕的好印象。

希望大家在日常生活中做好心灵的调理、呵护，让自己成为一个既坚强又温柔的人吧。

第2部分

实践篇

尝试去实际地运用愤怒管理法吧。本章根据不同模式、不同场景介绍了可以即刻使用的愤怒管理技巧，以及课堂上可以教授的控制愤怒的方法。

第3章　可以即刻使用的愤怒管理法
　　　　→不同模式、不同场景下的技巧集合

第4章　愤怒管理研讨会
　　　　→课堂上可以教授的、不同目的的训练集合

第 3 章

可以即刻使用的愤怒管理法

不同模式、不同场景下的

愤怒的表现方法和可以即刻使用的技巧

可以即刻使用的愤怒管理技巧

本章介绍的是可以即刻使用的愤怒管理技巧，以及根据不同的"第一层感情"所形成的不同模式的愤怒的表现方法。

思考"表现方法"

我们与他人的交流方式分为以下 3 种类型。

- 被动型（自己不 OK/ 对方 OK）。

比起自己的想法和意见，更优先考虑对方的类型。自己想说的事情不能够顺利地表达出来，缺乏自信，容易妥协、受委屈。

- 攻击型（自己 OK/ 对方不 OK）。

只优先自己的想法，不考虑对方的类型。由于不善于听取他人的意见，容易受到孤立。

- 自信型（自己 OK/ 对方 OK）。

尊重自己的同时，也尊重对方的类型。

这种类型的人可以坚持自己的主张，也可以承认自己的错误，能够不受他人左右，自己决定自己的行动。

被动型的人不能坚持自己的主张，容易将愤怒的矛头指向自己。

攻击型的人，只要事态没有按照自己的想法发展，就容易感到愤怒。而自信型的人，不会勉强压抑自己，能够清楚地表达自己的感情。

并且因为这类人可以坦然接受自己与他人的不同，所以他们不会无端地愤怒。同时，成为一个自信型的人，也就意味着能够不被愤怒情绪所左右。

以成为一个自信型的人为目标

• 在说一些不好开口的话时以"我"为主语（第一人称语言）。

与第一人称语言相对的就是以对方为主语的第二人称语言。例如，第二人称语言为"你迟到了"的时候，用第一人称语言表达就是"因为你晚到了一会儿，所以我很担心"等。

前者听起来极具攻击性，而后者就能够很自然地被对方接受。

• 灵活使用非语言信息。

在人与人的交流中，能够传递信息的不仅仅是语言，我们从一些非语言信息（视线、表情、动作）中也能够读取到有价值的内容。

• 学会拒绝，被他人拒绝时也要学会接受。
• 学会请求帮助，也要能够出色地完成他人所托之事。

自信型人格的特点除此以外还有很多，想要学会是需要训练和时间的。但是也有一些特质可以即刻就被人们掌握。

　　例如，要时刻意识到既要尊重自己，也要尊重对方；说一些语气强硬的强调型话语时要以"我"为主语，委婉表达，等等。掌握了这些技巧之后，与人的交流就能变得更加顺畅，生活也就能够为你带来更多笑容。

　　此外，通过掌握这些技巧，人们可以正确地表达自己的感情，所以愤怒也就能够被更加精准地表现出来。

苦 恼

总是一起回家的朋友，今天约我一起绕远路回家时

不恰当回答示例

"啊？绕远路很危险吧？"（受对方影响）

"我从之前就一直想说你了，你这样可是不行的。"（翻旧账）

恰当回答示例

"那我们走吧。"/"我就不去了。"（清楚地表态）

"因为这件事不好，所以就算你叫我我也很为难啊。"（告诉对方自己的心情）

建议

受到对方的影响而接受了对方的建议，事后受到责备的时候，就会产生想将责任推到朋友身上的做法。所以最好还是按照自己的想法去行动。

完全听凭对方的提议，直接跟着去也不行。自己经过思考决定了之后，再清楚地回答对方"我不去"吧。

重点是要明确 YES 或 NO！拒绝别人并不是坏事。如果你犹豫

不决使对方变得焦躁，就会产生更大的问题。请争取在无法挽回的
局面到来之前，确定自己的心意，然后果断地告诉对方吧。

不甘心

明明自己已经拼尽全力去比赛了，
但却是 A 获得了第一名，感到很不甘心

不恰当回答示例

"什么嘛，他不过是偶尔运气好而已。"（不承认对方的努力）

恰当回答示例

"我虽然努力了但是却输掉了比赛，我很不甘心！但是，下次
我会更加努力。"（微笑）

输不起的结果是降低别人对自己的评价。

只有能够坦率大方地接受自己的失败，并将这种不甘心的心情升华为争取下一次成功的动力时，人才能够获得成长。

失 望

明明已经说好今晚出去吃寿司，最后却得知去不了时

不恰当回答示例

"妈妈是个大骗子！我明明那么期待！"（情绪爆发）

"我已经向别人炫耀过我今天要去吃寿司了！"（在意别人的眼光而发怒）

恰当回答示例

"这样啊。虽然很遗憾但是也没办法啊。下次要带我去哦……"（提出代替方案）

"我明明那么期待的，真的好失望啊……"（告诉对方自己的心情）

建议

就算约定好的事情没有实现，用"骗子"这样的词语责怪对方、举出他人的例子来压制对方，都会引起对方的反感。

可以说，比起情绪爆发，直接向对方表明自己失望的心情会更容易被对方接受。

悲 伤

非常宠爱的猫咪去世了……

不恰当回答示例

"讨厌！它为什么会死啊？！"
（充满困惑）

"爸爸你是不会理解我的心情的！"（责怪周围的人）

恰当回答示例

"好伤心……"（接受悲伤情绪）

"我还想再和它一起玩，哪怕只有一次也好……"（悼念）

宠物去世，主人感到悲伤是很正常的。为宠物伤心难过也非常正常。但是无论再怎么责怪周围的人和物，猫咪都不会死而复生。我们要逐渐明白，世界上有些事是所有人都无能为力的。

羞 耻

忘了穿校服，在大家面前被老师训斥了

起因

忘了穿校服，在大家面前被老师训斥了

不恰当回答示例

"都怪妈妈忘了，没有为我准备！"（责怪他人）

"为什么要在大家面前说？老师太坏了！"（反过来生气）

恰当回答示例

"对不起。我一时粗心忘记了。"

不管是责怪别人，还是表示愤怒，忘记的事实是不会改变的。

为了继续保持和他人的良好关系，一定要记住"不责怪他人"和"承认事实并道歉"这两点。

寂寞

只知道关心妹妹，对我的事情不管不顾……
当感受到这种孤独时

起因

只知道关心妹妹，对我的事情不管不顾……当感受到这种孤独时

不恰当回答示例

"反正我不管怎么样都没人关心的吧！"（大声抗议、否定自己）

恰当回答示例

"照顾完妹妹之后，也陪我玩会儿吧。"（微笑）

"我也想被照顾……我好孤单啊。"（直白地表达自己的心情）

"我来帮你吧。然后我们一起玩。"（提出双赢方案）

卑微的态度、自我贬低的赌气的话，反而会遭到对方的反驳。

不如坦率地向对方表达自己此刻的心情，这样可以让对方更容易理解。

到底怎么做你才能来关心我呢？如果能从这个角度来思考问题并采取行动的话，就能够做到建设性地使用愤怒的力量了。

场景 1

被同学说"××，你的衣服可真土气"
孩子→孩子

× "你什么意思？你是说我不对吗？""你是在找茬吵架吗？""你才土气呢！！"

→ 如果以怒气回应对方，也会招来对方的怒气。

此时不妨使用愤怒管理的技巧，等待 6 秒之后再行动。

○ "可能你会觉得土气吧，可我是因为喜欢才穿的。""你这么说我，我好伤心啊。"

→ 虽然是负面的感情，但是对方确实感受到了这种感情，这也是不可否认的事实。这时我们可以将自己和他人两者的感情分割开来看待。

→ 听到对方的话，自己感到受伤，这也是事实。可以将这种"第一层感情"传达给对方。

场景2

课间，对挡住自己去路的孩子
孩子→孩子

× "让开啊！""碍手碍脚的！""别占着地方！"

※ 一边说着一边硬闯

→ 如果任凭自己发泄愤怒，对对方大吼大叫，或使用责备的语气，会招致对方的反感。

○ "不好意思，让一让哦。"

※ 用温柔的语气

→ 如果对方只是挡住了你，只要平心静气地将事实告诉对方就可以了。

→ 如果不是什么大问题的话，什么都不做也是一种方法。

场景3

总是被别人直言不讳地问一些自己不想谈论的话题，

如"××没有妈妈吗？"等

孩子→孩子

× "关你什么事？！" "这种事情你非要这样一五一十地说出来吗？" "你别管！"

※ 不悦

→ 这种反击式的口吻，会让你们今后的关系变得更加复杂。

○ "我不太想谈论这类话题。"

※ 干脆地避开

→ 对于自己不想谈论的话题，就直截了当地告诉对方自己的心情。

→ 对方可能并没有恶意。为了不让不愉快的心情蔓延下去，就在一定程度上改变自己的心情吧。

场景 4

想在课上发言，明明自己已经举手了，可是老师总是选其他同学……

孩子→老师

× "为什么老师总是不选我？！" "老师是不是讨厌我啊？"

※ 感到不悦，或情绪爆发，责怪对方

→ 即使一味地用"为什么"去责备他人，也无法解决任何问题。

→ 片面地认定老师不选择自己 = 老师讨厌自己。

○ "老师，下次要选我哦" ※ 微笑

"谢谢你总是那么积极地举手发言。对不起哦。老师是想听一听大家的想法。同样你的想法老师也很想了解，所以今后也希望你继续积极地举手发言。" ※ 微笑

→ 低年级的学生还处在以自我为中心的阶段。要认可他积极的态度。首先赞扬一下他想要发言的自我表现欲吧。

　　→ 要让学生意识到班级里除了自己之外还有其他人的存在，努力向他具体地说明这个道理是非常重要的。

　　→ 老师要好好地向学生表达自己对其积极态度的认可之情，以及对他的关注。

　　→ "我觉得过几天老师会选我的，所以就算了吧。"像这样让这件事尽快过去也是很重要的。

场景 5

已经到了要去学校的时间了孩子却还在看电视
父母 → 孩子

× "你打算拖拖拉拉到什么时候？真是个没出息的孩子！"

※ 像瞬间烧开水的机器一样爆发

→ 这种人格否定式的话语会引发孩子的反抗，同时也会让他受到某种暗示，开始自我否定。

○ "还有 5 分钟就要到出发时间了哦，让朋友一直等你的话你也会感到不好意思吧？而且，一想到你会上学迟到我就很担心哦。"

※ 冷静地看着孩子的眼睛

→ 向孩子具体地说明余下的时间。同时也告诉他希望他将自己的东西准备完毕。

→向他说明告诉他余下时间的原因和自己的心情。

暂停时间法

这是一种在愤怒即将爆发时，暂时让自己脱离现场的方法

可以期待的效果

不让愤怒进一步升级

做法

告诉别人自己回来的时间

之后，暂时离开现场

要点

暂停后，该做的事 / 不该做的事

〇 拉伸肌肉、有氧运动等可以使自己得到放松的事情

× 饮酒、驾车等容易具有攻击性的事情

我先出去一下。

落地现实法

集中精力于眼前的事物

可以期待的效果

从持续的愤怒当中得到解放

不让愤怒进一步升级

做法

① 找到眼前的某样东西

> （例）
> ·正在乘坐公交车或地铁时，心中突然涌起一股愤怒，此时在心中按顺序默念车要经过的各个站点的名称。
> ·观察眼前的垫板上的图案，或观察文具盒中铅笔和橡皮的形状。

② 然后在那上面集中精神

---要点---

在为已经过去的事或还未发生的事感到愤怒时，或者眼下的愤怒越来越强烈时使用这种方法。这种方法需要一定的练习。

停止思考法

在愤怒情绪变得强烈之前停止思考

可以期待的效果

可以延迟自己对愤怒的反应

做法

① 感到生气的瞬间，在心中大喊"停!!"

② 集中意识于墙壁或白纸等周围的事物。

③ 等到愤怒的峰值过去之后，再思考适当的言行。

要点

在心中大叫"停!!"的时候，腹部要猛地用力，这样在放松时就会自然而然地呼气，会有放松的效果。面向墙壁停止思考时，最好是一面什么都没写的干净的墙壁。

重复歌谣法

感觉到愤怒的火种即将被点燃时，唱一段能让自己冷静的歌谣

可以期待的效果

通过唱歌来阻止自己对愤怒反应

做法

① 找一段在自己感到愤怒时可以唱出来平复心情的歌谣

② 在想要生气时就唱这段歌谣

要点

即使是朗朗上口的简单的歌谣也会很有效果。
多重复几遍，将这些歌谣自己唱给自己听，让自己冷静下来。
还建议大家同时做一做揉肩膀、转动脖颈的动作。

倒着数数法

数数能减轻人的愤怒

可以期待的效果

不停数数的同时，愤怒得到了控制，心情得到了平复。孩子可以数 6 秒。

做法

① 感觉自己快要生气时闭上眼睛

② 例如，从 100 开始，在心中大声数出 99、98……

要点

为了避免方式太过单一，数数的顺序也可以随意一些，如 100、90、88……

呼吸放松法

感到愤怒时，重复缓慢地深呼吸进行放松

可以期待的效果

重复深呼吸可以活跃副交感神经，使由于愤怒而僵硬的身体变得柔软，愤怒也随之消失。

做法

① 双手覆盖肚脐下方（丹田）区域

② 用鼻子吸气约 5 秒

③ 接下来用大约 8 秒的时间将这口气用嘴缓慢呼出

要点

呼气时间最好比吸气时间长。
心中一边想着丹田一边呼气的话更好。
这种方法会给人一种吸入新鲜空气，排出体内污浊的感觉。

第 4 章

本书各个步骤的效果

通过本书的各个步骤想要表达的 3 个重点内容

在向孩子们讲解愤怒管理的相关知识时，要让他们理解以下 3 点。

1. 愤怒不是坏事

2. 在所有令人感到愤怒的事情当中，有一些可以用愤怒以外的其他方法解决

3. 自己可以控制自己的感情

根据孩子年龄的大小，将几种方法组合使用效果更佳。

实施各个步骤时需要注意的点

1. 要和监护人共享信息

教育者要与监护人共享在课程当中开展的研讨会的内容。如果孩子们在学习愤怒管理的知识时，监护人对其内容和过程不了解的话，有可能会引起监护人的不满甚至愤怒。

2. 制定规则

课堂上有些孩子可能会轻视或嘲笑其他孩子的发言，要针对这种现象制定相关的规则。另外，对于那些无法停下正在做的事情的孩子，也有必要采取相应的对策。

"不要嘲笑其他孩子哦。"

"听别人讲话时停下手中的事情。"

"尽情地享受课程。"

根据孩子的年龄提前制定相关规则。

3. 运用到日常生活中

这些愤怒管理的技巧的意义要在使用中才能体现出来。要让孩子们在平时的生活中积极地活用各种思考方法，去想"这时候要怎么做？"，为他们创造实践的机会。

关于各个步骤的等级

年龄的大概标准如下。后文根据各个步骤的不同目的进行了介绍。

★（学龄前儿童：5岁左右）

★★（小学低年级一、二年级左右）

★★★（小学中年级三、四年级左右）

愤怒管理研讨会开始之前

目的

· 意识到要开始学习关于愤怒管理的内容。

该环节的步骤

第 1 步　说明愤怒管理的必要性、优点。

第 2 步　确认课程进行过程中的规则、约定。

第 3 步　提前写下上课之后要达到的目标。

注意点

· 如果目标不太容易给人留下印象的话，就试着说一些具体的例子，帮助自己加深印象，如"自己生气了说了一些令人讨厌的话，如果当时没有生气就好了"之类，反过来"被别人强迫做了不想去做的事；被说了不好的话；明明自己非常生气但是却什么都没说出口，感到非常后悔，如果今后能够勇敢地表达自己的话，会不会有什么好事情发生呢？"等等。

三言两语

· 说明与愤怒管理相关的概念和必要性。

・开始之前先做好以下的约定。

例：不否定别人的意见

积极尝试在课堂中学到的知识

快乐、诚实地享受课堂

・如果了解了愤怒管理的优点，学习的热情也会有所提升。

‖‖‖‖‖‖‖‖‖‖‖‖愤怒管理研讨会开始之前‖‖‖‖‖‖‖‖‖‖‖

愤怒不是坏事。

因为在与别人发生争吵、受到冒犯时，

愤怒都在保护着自己。

愤怒是一种非常重要的感情。

所以希望大家在该生气的时候就去生气。

但是并不是所有的事情都能靠生气解决，

　所以大家最好只在有必要生气的时候再

去生气。

大家一起来学习愤怒管理吧！

"愤怒"就是英语的"anger"，

管理就是指"巧妙地处理"。

如果掌握了愤怒管理，

因为自己不该生气而感到后悔的事情就会减少，

就可以做到珍惜自己和身边的人，

就可以平心静气地将时间花在重要的事上。

学会了愤怒管理，会带来什么好处呢？

试着思考各种各样的情绪

目的

· 了解自己心中存在着各种各样的感情。

· 了解即使在同一时间、同一地点，心情也会因人而异。

· 了解自己此时此刻感受到的心情。

步骤 1　心中有何种情绪?

· 画出自己的心情表情（104 页上方）。

· 指出现在的心情（104 页下方）。

步骤 2　心情天气 ①（手指篇）

· 用手指指出自己现在的心情。

注意点

· 结合时间、条件、年龄选择不同的方法。

· 为了训练自己更好地了解此刻的心情而参加连续的讲座时，

最好在每次讲座的开始和结束时进行确认。

三言两语

了解了自己心中此刻是什么心情，就能够做到控制自己的感情。

这一步是愤怒管理讲座的入门步骤。

思考自己与别人的不同点和共同点。

|||||||||||||||||||||||| 心中有何种情绪? ||||||||||||||||||||||||

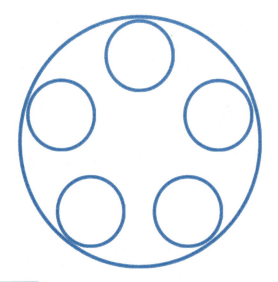

|||||||||||||||||||||||||||||| 心情天气 ||||||||||||||||||||||||||||||

现在你的心中
是什么天气?

生气的好处·生气的坏处

目的

· 了解拥有愤怒情绪的好处、坏处。

· 理解愤怒并不一定是一种不好的感情。

该环节的步骤

第 1 步　在自己到目前为止的所有经历中找出生气的好处和坏处，并分别记录。

第 2 步　与大家分享，并互相交流自己从中学到的经验。

注意点

或许会有人想不起来生气的好处，这时大家可以一起思考。

可能的回答

· 生气的好处

心情传达给了对方、对方向自己道歉了、更喜欢对方了、压力得到了释放等。

· 生气的坏处

气氛变得尴尬、被别人讨厌了、不能感受到本应该有的快乐。

在开始之前首先提问"生气是坏事吗？"。最后再问一次同样的问题，确认大家的理解程度的变化。

思考自己与别人的不同点和共同点。

|||||||||||||||||||||||生气的好处·坏处|||||||||||||||||||||||||

生气的好处　　　　生气的坏处

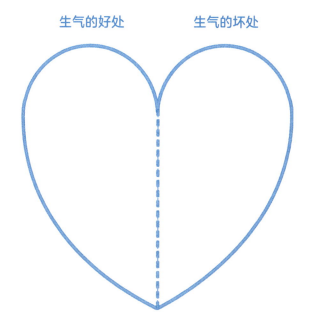

如果像这样生气的话？

目的

· 思考用令人不快的方式表现愤怒时的影响。

· 回顾、反省自己的愤怒方式。

该环节的步骤

第1步　如果有人会这样生气的话，就填入空白处。

第2步　与大家分享。

第3步　思考如果自己也这样生气的话会造成什么后果。

第4步　虽然生气不是坏事，但是要明白有必要注意自己的愤怒方式。

注意点

要特别留意在组内不要发生责怪、嘲笑等情况。

三言两语

· 再次确认可能会成为问题的 4 种愤怒。（参照第 19 页）

认识到这种愤怒会给周围人和自身带来的影响。

可以向他人提问，如"如果自己以这种方式发泄愤怒的话，你认为会带来什么后果？"等。

例：对身体不好、交不到朋友、失去朋友、每天过得不开心、连周围的人也会感到不开心等。

等级 ★★☆

如果像这样生气的话？

一开始生气就停不下来　　　一直处于生气的状态

现在　　　　1 周后

如果像这样生气的话，情况会如何发展？

总是处于愤怒状态　　　会对自己、他人、物品撒气、发火

一天中多次
发火

不能原谅自己

都是因为
你啊，真是
的！

109

愤怒是第二层感情

目的

· 理解愤怒的感情构成。

· 了解隐藏在愤怒之下的感情，找对焦点的方向。

该环节的步骤

第 1 步 按照下一页的内容进行说明。

第 2 步 参看第 94~95 页，寻找第一层感情。

三言两语

· 这一步是理解愤怒的存在的重要一步。

· 为了让习惯优先用视觉感受的孩子们能够更容易理解，可以使用小道具进行说明。

· 加深自己对这一步骤的理解，就可以使"愤怒的选择"向着"试着向别人表达"（参看第 176 页）、"减少心灵水杯中的水"（参看第 179~189 页）这两个步骤的方向发展。

· 第 113、114 页，理解第一层感情的内容中，比如"做不到单杠翻转上杠被嘲笑了"的正确回答可以是"遗憾"，也可以是"难过"，答案并不一定只有一种。

·愤怒情绪的捉迷藏（参看第 114 页）。

三、四年级学生的回答示例：

走廊事件→悲伤　考试事件→遗憾　没吃早饭→肚子很饿　一个人在家→寂寞

|||||||||||||||||||||||||||||||| 心灵水杯 ||||||||||||||||||||||||||||||||

1. 有不高兴的事情发生时，心灵水杯中就会开始蓄水。这些水代表着悲伤、寂寞、不安等情绪。

2. 水杯中的水进一步增加。劳累、不快也开始出现。

3. 以某件事为契机，杯子中的水（感情）溢出了。这时，这些各种各样的感情催生了愤怒的情绪。

在愤怒之下其实隐藏着其他感情。

愤怒情绪的捉迷藏

在愤怒的情绪之下，隐藏着怎样的感情呢？

用线连接起来。

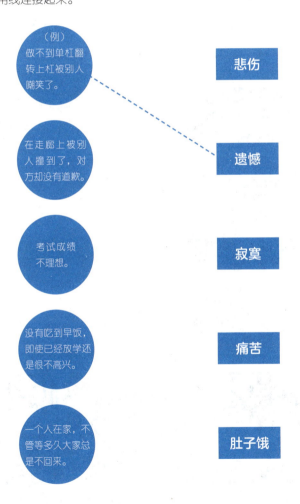

愤怒情绪的捉迷藏

在愤怒的情绪之下，隐藏着怎样的感情呢？

发生的事情　　　　　　　　　　　　**隐藏的情绪**

（例）向别人打招呼却被无视了。　➡　（悲伤　　　　　）

在走廊上被别人撞到了，对方却没有道歉。　➡　（　　　　　　　）

考试成绩不理想。　➡　（　　　　　　　）

没有吃到早饭，即使已经放学还是很不高兴。　➡　（　　　　　　　）

一个人在家，不管等多久大家总是不回来。　➡　（　　　　　　　）

生气的理由

目的

· 明白愤怒是在自己所认为的"应该"没有实现时产生的情绪。

· 明白决定要愤怒的人是自己这件事。

该环节的步骤

第 1 步　说明我们心中有很多的"应该"。

第 2 步　说明当事情按照我们所想的"应该"发展时，我们就不会感到愤怒，而当它没有被实现时我们就会愤怒。

第 3 步　也就是说……（在空白处写下答案）

回答示例（自己）：※ 当情况没有按照自己的预想发展时，这样说明也可以。

注意点

· 尽量选择身边的简单例子，让孩子们更容易理解"应该"和愤怒的构成。

· 如果"应该"这一表达难以理解的话，就换成其他表达进行说明，如"该这么做""这么做是理所应当"，等等。

愤怒是在自己所认为的"应该"没有实现时产生的情绪，且决定愤怒的人是自己。

如果理解了这一点，就更容易理解"自己可以解决自己的愤怒"这一点了。

|||||||||||||||||||||||||||生气的理由是什么？|||||||||||||||||||||||||||

我们心中存在着很多的"应该"

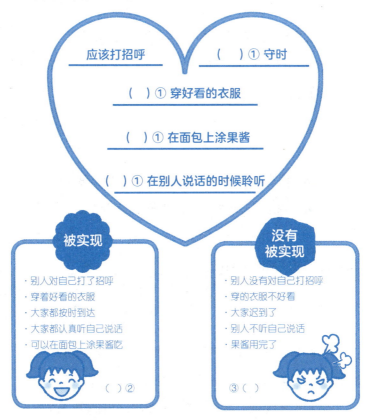

应该打招呼
（ ）① 守时
（ ）① 穿好看的衣服
（ ）① 在面包上涂果酱
（ ）① 在别人说话的时候聆听

被实现
· 别人对自己打了招呼
· 穿着好看的衣服
· 大家都按时到达
· 大家都认真听自己说话
· 可以在面包上涂果酱吃
（ ）②

没有被实现
· 别人没有对自己打招呼
· 穿的衣服不好看
· 大家迟到了
· 别人不听自己说话
· 果酱用完了
③（ ）

如果情况没有按照我的预想发展我会（ ）④
→
决定要去生气的人是（ ）⑤

※ 向低年级以下的孩子解释"应该"可能会比较困难，这时可以多使用比喻的修辞进行说明。

答案：① 应该 ② 开心 ③ 生气 ④ 生气 ⑤ 自己

寻找"应该"！

目的

·明白愤怒是在自己所认为的"应该"没有被实现时产生的情绪。

·思考自己所认为的"应该"，同时意识到每个人都有各种各样不同的思考方式和感情。

该环节的步骤

第1步　根据生气的具体事例，思考这件事与哪些"应该"相关。

第2步　探求自己的内心，找到自己的"应该"。

第3步　通过与他人的"应该"进行比较，明白对于同一件事，有各种各样的"应该"存在着。

三言两语

·如果感到寻找自己的"应该"很难的话，事先准备好几张"愤怒笔记"（见第135页），到时可以据此进行思考。

·不仅仅是孩子们，如果能将老师或父母（当他们生气的时候，想象一下他们到底是因为哪种"应该"被打破而感到生气）等立场不同的人的"应该"也进行比较的话，你可能就会注意到人与人之间还有更大的不同。

·如果"应该"这个词语不好理解的话，就换成"本应是……""就是……的"等比较好理解的表达，或者也可以说"如果被……会生气"。

回答示例

① 打招呼→应该打招呼，不应该无视

② 走廊→在走廊上应该好好走路，如果撞到了别人就应该道歉

③ 比赛→应该胜利，应该努力

…………

|||||||||||||||||||||||||||||||||||||| 寻找"应该"！||||||||||||||||||||||||||||||||||||||

① 向别人打招呼，
却被人假装无视掉　　② 在走廊上被别人撞到　　③ 输掉了比赛

关于每件事情，你心中有怎样的"应该"？

（①　　　　应该）（②　　　应该）（③　　　　应该）

写出如果事情没有实现，自己就会生气的"应该"
....
自己的"应该"
....

....

....

....

....

愤怒的魔法·咒语

目的

·学会抑制愤怒反射的技巧。

该环节的步骤

愤怒的魔法

使用以下的技巧

① 深呼吸（呼吸放松法）

·尝试着一起做，能够使人感到吸入了新鲜空气，排出了污浊的空气。

② 数数（倒数数字法）

·从 6 开始数，6、5、4、3、2、1，能够使人感到心中的愤怒在逐渐降低。

③ 凝视某物（落地现实法）

·把意识集中在眼前的物体上。

例如，注意观察窗帘的褶皱，观察铅笔的长度和颜色等。

④ 远离事发现场（暂停时间法）

·离开愤怒的源头，让自己冷静下来。如果是在学校的话最好提前想好要去的地方（卫生间、操场等地）。

⑤ 暂停思考（停止思考法）

· 如果继续思考会让自己的怒气膨胀的话，就停下来。

愤怒的咒语（重复歌谣法）

· 思考在愤怒即将爆发时能够让自己冷静下来的"只属于自己的歌"或"只属于自己的语句"，并在必要时唱出来。（例：没关系，总会有办法的，这没什么大不了、没什么大不了。）

||||||||||||||||||||||||||愤怒的魔法 · 咒语||||||||||||||||||||||||||

创作一个念给愤怒听的咒语吧

写下你的咒语

三言两语

· 可以在现场进行尝试，也可以当作一次作业去做。

　总之实践很重要。

· 在日常生活中的愤怒时刻，督促自己去思考"该使用哪种魔

法"，逐渐地将这些技巧运用到最平常的生活中去。

尝试 6 秒法则

目的

·愤怒的峰值时间是 6 秒。学会抑制愤怒反射的思考方式和快速冷静的方法。

该环节的步骤

第 1 步　闭上眼睛，避开对方的视线，数出 1、2、3、4、5、6……

第 2 步　在愤怒的感觉消失之前，找到一个可以暂时集中注意力的物体（比如观察对方 T 恤上的插画等）。

第 3 步　尝试在脑海中想象自己把面前的门砰的一声关上的场景。

第 4 步　努力地深呼吸，并且去感受自己呼吸的声音。

第 5 步　说出或唱出提前准备好的只属于自己的魔法咒语、歌谣。

第 6 步　在自己的胸前环绕双臂，并逐渐缩紧。这时试着抱抱自己会很有效。

三言两语

·理解愤怒的构成这件事，对小孩子来说可能比较困难。但是，如果从孩童时期就能够把"愤怒时先等待 6 秒"当作暗语记在心中，不断地实践并使之成为习惯的话，长大之后就可以抑制自己的愤怒反射，合理解决问题。

||||||||| 尝试 6 秒法则 |||||||||

愤怒情绪的峰值时间

愤 怒

时长 6 秒

暗 号

"生气时先等待 6 秒！！"

6 秒有多长?

目的

· 体会 6 秒法则的 6 秒时间到底有多长。

该环节的步骤

第 1 步　首先闭上眼睛，把手举起来。

第 2 步　自己在心中默数，感觉到了 6 秒就把手放下。

第 3 步　计时 6 秒。

第 4 步　大家一起确认 6 秒的感觉。一边出声数出"6、5、4、3、2、1"，一边逐渐打开按照第 127 页做成的卷轴。

三言两语

· 该步骤以做游戏的方式进行。

· 重复几次之后，就能逐渐体会到 6 秒的时长。

· 也可以一边做第 121 页的"愤怒的魔法"，一边体会 6 秒有多长。

到了 6 秒时把手放下哦

6 秒有多长?　等级 ★☆☆

6 秒有多长?

1 2 3 4 5 6

（使用方法）剪下本页并制成卷轴，逐秒展开。

介绍自己

目的

· 尝试面对自己。

· 了解触发自己各种感情的开关在哪里。

· 让自己可以把自己的标准告诉周围的人。

该环节的步骤

第 1 步 把自己的表情和心情都写进该步骤的表格中。

第 2 步 展示说明，与周围的人分享信息。

注意点

· 提前确定规则。不要写负面的语言（例：不写伤害别人、嘲笑别人的话，在讨厌的事情中不写特定的人名，等等）。

三言两语

· 可以做到互相了解，使彼此关系更加和睦。此外，还能明白一个问题可以有各种各样的思考方法。

· 关于愤怒的情绪，将自己的标准告诉别人，让别人注意不要越过你的标准线。

· 还不会写字的小孩子，可以只进行口头表达。

|||||||||||||||||||||||||||||| **介绍自己** ||||||||||||||||||||||||||||||

姓名
....

自己的表情

开心的事
....

喜欢的事
....

悲伤的事
....

讨厌的事
....

害怕的事
....

高兴的事
....

生气的事
....

分析自己的愤怒

目的

· 把握自己的愤怒倾向。

· 预测自己可能会愤怒的情况，并有所预防。

该环节的步骤

第1步 记录几日的愤怒笔记。

第2步 从愤怒笔记当中找出自己在生气时的共同点，并写下来。

第3步 提前为有可能遭遇到的愤怒场面制定计划。

第4步 与大家一起分享自己写下的内容。

注意点

· 因为这个步骤需要收集数据，所以请在有2次数据以后再在讲座上分享、使用。

· 作为数据的笔记内容自然要越多越好，但是如果太多的话最后会不利于总结统计。

· 只要有10~20张的笔记，就可以看出一定程度的倾向，但是如果自己看不出来的话，可以让其他人从客观的角度帮忙进行分析。

三言两语

·愤怒笔记累积到一定数量之后，就可以看出自己的愤怒方式的倾向。了解了这一倾向，就可以为此提前做好准备。

例：对谁生气（ex. 兄弟），在什么情况下（ex. 争夺电视频道）生气，什么时候（ex. 傍晚 4 点 ~5 点左右）生气，等等。

||||||||||||||||||||||||| 分析一下自己的愤怒吧 |||||||||||||||||||||||||

参照愤怒笔记，分析一下自己的愤怒吧！

容易在什么时候生气

....

....

容易对谁生气

....

....

容易在什么情况下生气

....

....

容易在什么场所生气

....

....

注意到的其他事情

....

....

自己的愤怒对策

....

....

介绍朋友

目的

· 客观地理解周围的人如何看待自己。

· 通过考虑朋友的事，可以更深层次地了解对方的感受。

该环节的步骤

第 1 步　决定要介绍谁。

第 2 步　将关于这个人的事情写进该环节的表格中。

第 3 步　将写下来的内容进行展示，让这个人评价是否准确，然后发表感想。

注意点

· 与第 128 页的"介绍自己"相同，要提前确定规则，不写消极负面的语言（例：在"开心的事"中写"欺负××"，在"讨厌的事"中写"讨厌××"等）。

· 如果是初次见面的人，也可以运用想象（印象）。

※ 低年级学生可以只用口头表达。

三言两语

· 通过周围的人对自己的评价，可以注意到自己平时未曾被发现的一面。

|||||| 介绍对方 ||||||

姓名 ....

朋友的表情

开心的事 ....

喜欢的事 ....

悲伤的事 ....

讨厌的事 ....

害怕的事 ....

高兴的事 ....

生气的事 ....

愤怒笔记

目的

·了解自己感受到的愤怒，客观看待自己的愤怒情绪。

该环节的步骤

第1步 每一次在自己感受到愤怒时，将感受到的愤怒记录下来。

第2步 观察自己的愤怒有何种倾向。

第3步 对比自己的愤怒与他人的愤怒，互相交流相似的点和不同的点。

注意点

·只需简单记录。如果深入思考的话，愤怒的情绪可能会变得更加强烈。要告诉大家每一项内容大概只写1句话即可。

具体示例

1.何时 × 月 × 日 等级2

※ 关于愤怒等级，参照第138页的技巧"愤怒等级"。

2.发生了什么事：排队打饭时被别人插队。等级5

3. 自己做了什么：大声说"去排队"。

4. 原本想让对方做的事：想让他遵守秩序。

5. 愤怒之下的感情：不满、讨厌 ※ 难以说明时可省略

·在心情低落时写愤怒笔记的话，会使自己的心情更加低落，所以无须勉强记录。

·不想说出来的愤怒可以不说。

·如果把愤怒的记录当作一次作业来做的话，要督促自己坚持下去。

如果能够继续坚持下去，就可以把它当作"愤怒方法研究"和"寻找'应该'"的题材。

三言两语

·这个技巧是愤怒管理的中心内容。

·对愤怒的控制始于对自己愤怒情绪的了解。

||||||||||||||||||||||||||||||| 愤怒笔记 |||||||||||||||||||||||||||||||

等级 1

等级 2

等级 3

等级 4

等级 5

根据头上的刺的数量、眼睛和嘴巴的形状区分

你的愤怒是哪个等级?

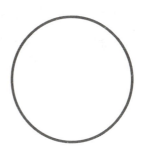

何时发生的事?

发生了什么事?

自己是怎么处理的?

原本想让对方做的事是?

愤怒之下的感情是什么?

愤怒等级

目的

·明白愤怒是一种有变化范围的感情。

·可以客观地看待自己的愤怒。

·明白即使是同一件事，不同的人感受愤怒的方式也是千差万别的。

该环节的步骤

第 1 步　对最近让自己感到愤怒的事情打分。

第 2 步　举出典型事例，让大家为此打分。

第 3 步　感受到他人与自己的对愤怒的感受方式的不同。

注意点

·打分的方法没有好坏之分。

·打完分数之后的步骤，就能与"愤怒的魔法·咒语"（参照第 121 页）和其他的步骤联系起来。

三言两语

·通过将自己的愤怒数值化，我们就能逐渐从客观的角度来看待自己的愤怒。此外，把握了自己所感受到的愤怒的强度，我们就能够对排遣愤怒的方式进行适当的调整。

·让大家对同一件事情打分，可以看到人们所打的分数有高有低。此外，如果只对特定的某件事（如别人不遵守规则、自尊心受到了伤害等）打分很高的话，还能从中看出自己的愤怒倾向。

|||||||||||||||||||||| 你的愤怒等级是多少？ ||||||||||||||||||||||

根据头上的刺的数量、眼睛和嘴巴的形状区分

例：在走廊上被朋友撞到了，但是他却没有向自己道歉

这件事的愤怒等级是多少？

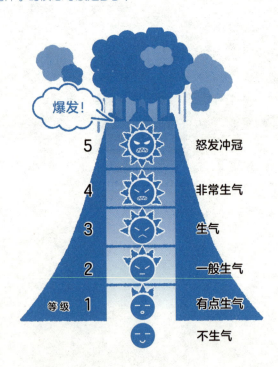

身体信号

目的

· 了解自己愤怒时身体的反应。

· 注意到身体的反应，就可以采取一些相应的措施。

该环节的步骤

第 1 步　试着剪贴或写一写在自己感到愤怒时面部和身体的反应。

第 2 步　每个人逐一再现当时的样子。

第 3 步　或者也可以各自展示，互相分享交流。

注意点

· 处于文字表达困难的年龄层的孩子可以选择用图画表达。

· 答案并不一定只有一个。

· 能够意识到"产生愤怒情绪时身体会有什么变化？"这个问题是非常重要的。

三言两语

· 愤怒的感情往往伴随着身体的反应，如果能意识到这一点，就可以采取一些相应的措施。

· 尝试大家一起再现愤怒时的姿势、表情。

可能的回答

眉毛：上挑

眼睛：上挑、流泪、突然睁大

嘴巴：嘴角向下撇、咬紧牙关、咬紧嘴唇

心脏：心跳加速、心脏紧缩

肚子：胃痛、突然变得沉重

手：紧紧握拳、挥舞手臂

脚：用力跺脚、捶胸顿足、踢、吧嗒吧嗒地拍地，等等

身体信号

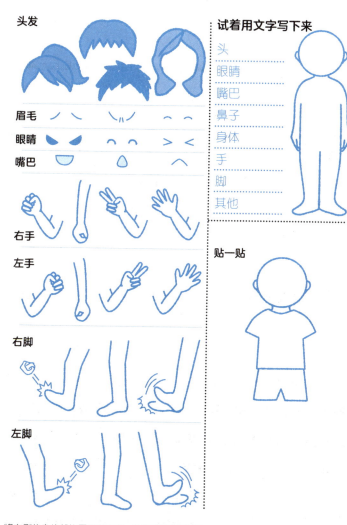

头发

眉毛

眼睛

嘴巴

右手

左手

右脚

左脚

试着用文字写下来

头
眼睛
嘴巴
鼻子
身体
手
脚
其他

贴一贴

将左侧的身体部位图画剪下来，贴在右侧的插图上。

和愤怒玩耍

目的

· 通过将愤怒进行立体表现，给人一种自己的愤怒由自己掌控的印象。

该环节的步骤

第 1 步　用油性笔在塑料袋上画出愤怒的脸。

第 2 步　将它揉成皱巴巴的一团或系上绳子带着它跑起来。

注意点

· 一定不要把塑料袋套在头上！有窒息的危险！

三言两语

· 因为愤怒的感情是看不见的，所以人们很难感受到愤怒是可以控制的。因此，我们通过将愤怒可视化，使愤怒的形象放大、具象化。

· 把塑料袋揉成一团，或投掷玩耍，或整齐地叠放，都能表示自己可以随意处理自己愤怒的感情。

· 如果有可以来回活动的场所，就在塑料袋上系上绳子跑起来吧。系上绳子跑的话，自己一定会跑在前面，这样就会给人传递一种"不是愤怒可以被控制，而是我可以控制愤怒"的暗示，非常有效果。

||||||||||||||||||||||||||| 和愤怒玩耍 |||||||||||||||||||||||||||

需要准备的物品：塑料袋　　塑料细绳　　油性笔

用油性笔画出愤怒的脸

参考照片

折叠

系上绳子跑起来

揉成一团

生气时你在想什么?

目的

· 与自己的愤怒面对面。

· 明白在感到愤怒的那一瞬间,自己会涌现出各种各样的感情。

该步骤的进行方法

第 1 步　举出一个具体的愤怒的事例,写出在那一瞬间自己想到的事情。

第 2 步　与别人交流时注意到的事。

注意点

· 有时候在写的过程中,言辞会变得激烈,愤怒情绪会增强。这个时候要问一问自己是否需要暂时中断,换个角度重新思考这个问题。

三言两语

· 在与自己的愤怒面对面时,其实真正的目的是找到愤怒之下隐藏的各种各样的感情。

· 可以更加客观地看待自己和发生的事情。

· 也推荐大家先写好"愤怒笔记(第 135 页)"作为事前准备,从中挑出愤怒的事例进行这个环节的学习。

||||||||||||||||||||||||||||||| 生气时你在想什么? |||||||||||||||||||||||||||||||

因为什么事情而生气?

目的

· 明白愤怒的事情与愤怒的程度因人而异。

该环节的步骤

第1步　对每一件发生的事情,分别写下自己的愤怒等级(0~5)。

第2步　与身边的人分享。

注意点

· 对"与别人不同的事感到生气"本身并不是坏事。

· "与别人不同"并不是坏事,重要的是能够接受这些不同,并互相认可、尊重。

三言两语

· 有时我们或许会对不需要生气的事情生气,或者,对于有些事情说不定我们没必要那么生气。这些想法,在必要的时候就会成为我们决定改变的契机。

· 为了在视觉上让人更加印象深刻,可以更多地使用小道具。

|||||||||||||||||||||||| 因为什么事情而生气？ ||||||||||||||||||||||||

尝试来评定愤怒等级吧

愤怒等级（数字）

1. 向别人打招呼，对方却没有回应　　　　　（　　分）
2. 自己说的每句话都被别人模仿　　　　　　（　　分）

3. 上课的时候有的孩子不停说话　　　　　　（　　分）
4. 被不太熟悉的人直呼名字　　　　　　　　（　　分）

5. 借出去的书没有被归还　　　　　　　　　（　　分）
6. 想吃的雪糕被卖光了　　　　　　　　　　（　　分）

7. 换了发型，却因奇怪而被别人嘲笑　　　　（　　分）

生气？原谅？不生气？

目的

·明白愤怒的理由因人而异。

该环节的步骤

第1步 与其他人面对面或组成小组，面前放置一张右侧的表。

第2步 说出一件事情，全员一起在表的1~3中指出与自己相符合的感受。

第3步 互相交流各自为什么生气、为什么不生气的观点，和关于这件事的想法。

注意点

·注意不要否定其他人的观点。

三言两语

·在该步骤中可以接触到各种各样的思考方式和价值观。

·可以明白自己使用怎样的思考方式不容易生气。

·试着具体地问一问别人在生气的时候是怎样的。

·在该环节中，用作测试的使人愤怒的事情，最好是平时常容易想到的事情。

·还可以把这张表画在黑板或白板上，全员举手表决，或用手指出数字，或说出数字的方法也可以。

生气? 原谅? 不生气?

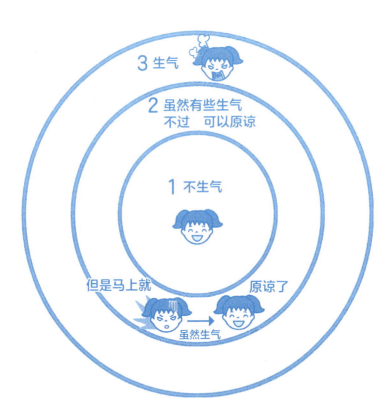

我们不一样，我们都很棒

目的

· 理解愤怒点、愤怒方式因人而异这件事并不是坏事。

该环节的步骤

第1步 朗读《我和小鸟和铃铛》（可以根据喜好自己选择）这首诗。

第2步 写出对下面问题的思考。

第3步 与周围的人分享。

注意点

· 注意不要否定其他人的想法。

三言两语

· 这首诗是诗人金子美玲的著名作品。因为这首诗曾上过儿童节目，所以应该有很多孩子都知道这首诗吧。

· 在"因为什么事情而生气？"和"生气？原谅？不生气？"这两个使人认识到他人和自己的不同之处的步骤之后再进行该环节的学习。

·就像铃铛、小鸟和我，我们可以做到的事情各不相同，所以自己和他人能做到的事情也不同，我们的思考方式也多种多样。

·如果能够接受自己与他人的不同，那么即使当他人与自己对某件事的处理方法不同时，也能够理解，使我们生气的事情也就随之减少了。

|||||||||||||| 我们不一样，我们都很棒 ||||||||||||||

我和小鸟和铃铛

金子美玲

我伸展双臂，

也不能在天空飞翔，

会飞的小鸟却不能像我，

在地上快快地奔跑。

我摇晃身体，

也摇不出好听的声响，

会响的铃铛却不能像我，

会唱好多好多的歌。

铃铛、小鸟，还有我，

我们不一样，我们都很棒。

问题：

1. 你会因为什么事情而生气？
2. 生气之后，你会原谅惹你生气的人吗？
3. 可不可以不生那么多气？

我对这些问题的思考：

1.

2.

3.

如果想生气的话

目的

· 当愤怒的感情萌生时，把握处理愤怒情绪的过程。

该环节的步骤

· 按照右侧表格的步骤进行说明。

三言两语

· 要区分心中感受到的愤怒和表现出来的愤怒。

· 举具体的例子进行说明吧。

想生气的事情：朋友随便使用自己的铅笔。

等待6秒，抑制愤怒的反射。
努力克制住想要大声吼出"不要随便用我的笔！"的冲动。
※ 可以互相交流用什么办法。

决定要不要生气。
对自己重要 / 不重要、可以改变状况 / 无法改变状况、可以原谅 / 无法原谅，等等。

生气了怎么办？
· 告诉本人（要思考该如何告诉他）。
· 说给老师、父母等合适的人听。
不生气的话怎么做？
· 改变自己的想法。（例：算了吧，也并不是什么大不了的事。）
· 忘记（把能量用在其他重要的事情上）。

|||||||||||||||||||||||||||||||| 如果想生气的话 ||||||||||||||||||||||||||||||||

① 发生了令你想要生气的事。

② 等待 6 秒。

首先冷静下来

③ 选择生气还是不生气。

问一问自己 ----------

这件事对自己重要吗?

是不是可以原谅对方呢?

是不是生气了就有办法解决了呢?

生气   不生气

④ 决定生气了怎么做、不生气的话怎么做。

生气的时候

....

....

不生气的时候

....

....

愤怒的路标

目的

· 能够选择愤怒情绪的展开方式。

该环节的步骤

第 1 步　按照 159 页的表格进行说明。

第 2 步　看例题选择生气还是不生气。

注意点

· 不管选择哪一边，自己的选择对自己来说都是正确答案。所以，之后的行动，责任也在于你自己。

三言两语

· 对自己来说不重要的事没有生气的价值。为已经无法改变的事情生气，也只会徒增愤怒而已。

· 事情很重要且自己可以改变：生气（采取行动改变现状）；虽然很重要但是自己无法改变：不生气（接受现状）。

· 可以改变现状时怎么做？

无法改变现状时怎么做？分别思考这两种情况。

① 可以改变→努力学习成为一个可以改变天气的科学家。

无法改变→在室内玩耍，或穿着不怕被打湿的衣服去室外玩耍。

② 可以改变→猜拳决定，请别人来见证。

无法改变→将自己想看的节目录像让给别人。

③ 可以改变→学习。

无法改变→在自己擅长的其他领域努力，做其他快乐的事。

‖‖‖‖‖‖‖‖‖‖‖‖‖‖‖‖‖‖‖‖‖ 愤怒的路标 ‖‖‖‖‖‖‖‖‖‖‖‖‖‖‖‖‖‖‖‖‖

用〇标出自己的选择，然后思考怎么办。

① 想出去玩但是雨一直下个不停。

可以改变 →（   ）

无法改变 →（   ）

② 弟弟突然换了电视频道。

可以改变 →（   ）

无法改变 →（   ）

③ 考试成绩很糟糕。

可以改变 →（   ）

无法改变 →（   ）

愤怒管理不是"忍受"

目的

· 明白愤怒管理并不是要抑制怒气。

该环节的步骤

· 按照下一页的表格进行说明。

三言两语

· 愤怒管理的目标并不是要忍受愤怒。

　　如果忍受愤怒的话，最后会把怒气对准自己。虽然学习了愤怒管理之后，成果会很明显地体现在不生气这件事上，但是一定要明白，对于那些有必要生气的事情还是要生气。

　　· 愤怒，是在自己的心中由于某种原因而涌现出的一种重要的感情。

　　首先认清自己的愤怒、心情，然后等待 6 秒（第 124 页）。

　　再选择自己应该采取什么样的行动（138、140 页）。

　　与上面的过程结合进行说明。

　　例：来吹一个气球，就可以帮助我们更好地理解。
　　　　爆发愤怒→把气球吹到爆炸的边缘。
　　　　忍受愤怒→从外侧挤压已经膨胀的气球。
　　　　可以看到，不管怎么做，都会导致气球爆炸。

||||||||||||||||||||||| **愤怒管理不是"忍受"** |||||||||||||||||||||||

如果将愤怒爆发出来，双方的心灵都会受到伤害。
愤怒不能爆发，也不能忍受。

即使忍受、压抑愤怒，我们的心灵也会受到伤害。

6秒

首先意识到自己在愤怒这件事。
等待6秒，等到自己冷静下来之后，再选择是否要继续生气。

你怎么思考?

目的

· 创造一种不易致怒的思考回路。

· 找出自己主动思考和思考方式中的不良癖好,并加以纠正。

主动思考,指的是自然浮现在脑海中的思考方式。

该环节的步骤

第1步　说出容易致怒的思考方式。

第2步　首先试着想一想,这些思考方式分别是如何进行的。

第3步　改变视角,找出不生气也能解决问题的思考方式。

注意点

· 也有孩子即使使用这种思考方式也并不会感到生气。

在没有必要改变思维定式时,要在分享时向大家说明。

三言两语

· 例如,有一种思考的癖好是,当你看到有人在看着自己不停地笑,你就会产生"他一定是在说我的坏话"这样的否定的想法。如果一个人有这种思考倾向,他就会逐渐变得冲动好战,反而还会增加内心的不安。结果，他的焦虑情绪会进一步增大。

　　·只要心中想着把思考的癖好向着乐观的方向扭转，思考方式也是可以被改变的。例如，当看到上述场景时，我们可以去想"别人或许并不讨厌自己""他只是偶然看向了我这边而已""他笑得那么开心，一定是在说一些有趣的话题"，等等。

|||||||||||||||||||||||||| 你怎么思考? ||||||||||||||||||||||||||

场景主题 1　在走廊上突然被撞到了

事情发生时你想到了什么?

··

你认为如何思考自己才不会感到焦躁?

场景主题 2　她们在看着我笑?

事情发生时你想到了什么?

··

你认为如何思考自己才不会感到焦躁?

也试着想象一下其他场景吧!

事情发生时你想到了什么?	你认为如何思考自己才不会感到焦躁?

愤怒回避作战

目的

· 了解并思考可以回避愤怒的思考方式与行为。

该环节的步骤

第 1 步　根据不同场景，探索不生气就可以解决问题的思考方式和行动方式。

第 2 步　互相交流大家写下的内容。

三言两语

· 遭遇愤怒的场景时，我们可以选择不罢休地与愤怒纠缠到底，也可以选择就此打住，将自己的精力用在其他重要的事情上。

· 可以让我们明白，我们没有必要直面所有的愤怒，有时回避也是一种选择。

· 要向大家说明的是，回避因愤怒而起的冲突并不意味着"输"。这种回避是为了珍惜自己的时间和心灵的"体面的回避"。

回答示例

1→和其他朋友玩耍、在家里玩

2→玩其他游戏

3→忘记，做其他快乐的事

4→把遥控器让给对方，录下自己想看的节目，玩其他游戏

愤怒回避作战

① 朋友说："我不和你一起玩。"

行动计划

② 和朋友争夺秋千

行动计划

③ 被别人说是笨蛋

行动计划

④ 和别人争夺电视频道

行动计划

因为什么语言而生气?

目的

· 思考愤怒时的语言表达。

· 了解该使用什么语言来达成愤怒的本来目的。

该环节的步骤

第 1 步　写下自己平时生气时常用的话语。

第 2 步　请别人对自己说一说这些话。

第 3 步　体会一下被别人说了这些话时自己的感受。思考使用怎样的说话方式,才能达成愤怒的本来目的。

注意点

· 虽然大家知道这是在角色扮演,但还是会有孩子在听到这些犀利的言辞时受到刺激而出现激烈的反应。所以要特别留心注意现场的气氛。

三言两语

· 有时愤怒会被过激地表现。

· 通过让别人对自己说出"滚开"这样的话,了解听话的人的感受。

· 也可以举出一些故事中人物发怒的情节的例子,让大家一起思考。

· 还可以提前征集大家的想法,根据不同的愤怒等级总结相应的愤怒语言。

因为什么语言而生气？

你平时生气的时候，会说什么话？

....
....
....
....
....

如果被别人说了这些话，你会是什么心情？

....
....
....
....
....

你认为该怎样说才能更好地表达自己的想法？

....
....
....
....
....

意识到了隐藏在愤怒之下的感情后?

目的

· 学习愤怒感情的消除方法。

· 思考意识到了第一层感情之后的处理方法。

该环节的步骤

第 1 步　想出一个愤怒的场景，找出愤怒源头的第一层感情。

第 2 步　找到第一层感情之后，思考怎样消除这种感情。

三言两语

· 一边问问题一边进行。

· 下页是在一场小学二年级学生的愤怒研讨会上实际进行的问答（下图中间位置的表情，是用纸质盘子制作而成的）。

|||||||||||||||||||||||||| **实际对话示例** ||||||||||||||||||||||||||||

现在开始我们来说 3 个愤怒的场景！
第 1 个场景：你很生气，因为你被朋友无视了。
想想看，此时藏在你心中的是什么感情？

悲伤、讨厌……（各种各样的发言）

是啊！你心中会有悲伤、讨厌等情绪吧！
那么，因为你感到了悲伤，就去撞倒对方，或者对对方说一些很过分的话，
你心中的悲伤会消失吗？

不会。

那么，怎么做才能消除心中的悲伤呢？

使用魔法（技巧）。找人谈话。（如果有其他孩子遇到了这种情况的话）
安慰他。

很好，连其他孩子遇到了这种情况，我们要怎么做都想到了啊！
大家说出了各种各样的想法，其实还有一种办法，那就是告诉对方你的心情。
比如第 2 个场景：你很生气。因为你早上赖床，没有吃早饭，心情烦躁。
想想看，此时藏在你心中的是什么感情？

肚子很饿。

是啊！肚子一饿，人就容易感到烦躁对吧！
但是如果你撞倒别人，或者对别人说一些很过分的话，你的肚子就会饱吗？

不会。

那要怎么做才能解决肚子饿的问题呢？

吃点东西！

如果正在上课呢?

 喝水! 想象吃饭的场景!

 是啊,上课时是不能吃饭的。
我们在什么样的场合里,就必须思考在那个场合能做的事情才行。
然后,为了不让自己饿着肚子、变得烦躁,大家以后要好好吃早饭哦!
再看第 3 个场景: 你很生气,因为你不会单杠翻转上杠而被其他同学嘲笑了。
想想看,此时藏在你心中的是什么感情?

 悲伤、沮丧、不开心。

 是啊! 你会感到很沮丧对吧!
但是如果你撞倒别人,或者对别人说一些很过分的话,你就会做单杠翻转上杠了吗?

 不会。

 那么怎么做才能消除被别人嘲笑而产生的悲伤、失落的心情呢?

 请别人教自己。练习。使用魔法。

 好的,非常感谢大家。我们试着讨论了 3 个愤怒的场景。
今后在感到愤怒的时候,请大家先找一找隐藏在愤怒之下的感情吧。如果以消除这种隐藏起来的感情为目的,然后去思考该怎么做的话,那么,撞倒了对方又后悔"要是没这么做就好了",说出了自己都没想到的过分的话伤害了对方,这样的事情就不会再发生了。

愤怒作战会议

目的

· 了解各种各样的愤怒都有其各自的目的。

· 学习在生气时明确自己是因为什么目的而生气的方法。

· 思考该怎么做才能消除引起愤怒的真正原因，达成愤怒前的目的。

该环节的步骤

· 按照 175 页表格推进行动计划。

三言两语

· 产生愤怒的感情，并将这种情绪反映到行动上时，必定有某种目的存在。

如果总是反射性地产生愤怒，不仅不能达成本来的目的，反而会做出使自己后悔的举动。学习并实行这个步骤，就能够在行动之前想清楚自己的目的，并且思考为达成这个目的该采取什么行动。

· 虽然在一开始，实行可能会很难，但是将这个方法坚持下去并使其成为习惯是非常重要的。

· 在实行该步骤的过程中，非常重要的一点是要看"采取了这个行动之后，自己能不能展露笑颜"。比起眼前一时的爽快，重要的是之后一直保持愉快的心情。

·例如，把对方撞倒的这个行为，虽然能让自己的情感得到一时的发泄，但是在那之后，自己可能会被周围的人指责，可能会感到无比后悔，最后自己也不能展露笑颜。

如果自己不能展露笑颜，那就回到起点，重新选择。

·也可以举出具体的例子，让大家共同思考。

想要狠狠惩罚嘲笑自己的人→拳脚相向

→（对方受伤）你展露笑颜了吗？→ 回到问题 1

→ 想要让对方明白自己的心情 → 向他表达自己的心情

→（得到了他的理解）展露笑颜

仔细地思考。告诉对方自己很讨厌这种做法，告诉对方不要再嘲笑自己，等等。

||||||||||||||||||||||||||| 愤怒作战会议 |||||||||||||||||||||||||||

在所选择的（ ）里画钩

问题 1 生气了之后想怎么样?

想惩罚惹自己　　想让对方明白　　想回顾一下事　　其他
生气的人　　　　自己的心情　　　情起因　　　　（　　　）

问题 2 为了达到这个目的该怎么做?

向对方拳脚相　　向对方表达自　　继续努力让别　　其他
向、破坏物品　　己的心情　　　　人认可自己　　　（　　　）

问题 3 最后是否会展露笑颜?

会（　　）　　　　　　　　　　　　不会（　　）

试着做一做吧　　　　　　　　　　回到问题1,
　　　　　　　　　　　　　　　　重新进行选择

请更仔细地思考该怎么做才好吧!

175

试着向别人表达

目的

· 能够做到即使不爆发愤怒的情绪，也能向别人表达自己的愤怒。

· 可以做到根据不同的情况使用不同的传达感情的方法。

该环节的步骤

第 1 步　说明"传达"的两个种类。

第 2 步　看例子，思考如何传达感情。

第 3 步　练习传达《愤怒笔记》上记录的愤怒感情。

注意点

· 有时我们虽然表达出了自己的意愿，但并不一定能被他人接受。在向大家讲解时，要结合被拒绝的情况一并进行说明。

三言两语

· 传达感情包括传达"自己的心情（第一层感情）"和"自己想让对方怎么做"这两种内容。要根据"只传达前者""只传达后者""两种都传达"的不同情况，分别使用不同的传达方法。

例：自己的小秘密被朋友曝光了

自己的心情：小秘密被别人随便曝光的愤怒

想要让对方怎么做：想要让他道歉、想让他考虑别人的感受

例：借出去的书没有被归还

自己的心情：借出去的书没有被还回来，感到很不高兴

想要让对方怎么做：让借书的人早点把书还回来

※ 还可以试试向别人传达记录在《愤怒笔记》中的愤怒的感情。

|||||||||||||||||||||||| 试着向别人表达 ||||||||||||||||||||||||

① 自己的小秘密被周围的人知道了

向对方表达自己的心情（愤怒之下的心情）

告诉对方自己想让他怎么做

② 借出去的书没有被归还

向对方表达自己的心情（愤怒之下的心情）

告诉对方自己想让他怎么做

③ 从愤怒笔记中选择愤怒的感情，试着向别人传达你的情感

向对方表达自己的心情（愤怒之下的心情）

告诉对方自己想让他怎么做

从"讨厌"中找到"好棒！太好了！"

目的

·明白根据视角不同，原本认为是缺点的事也会变成优点。

该环节的步骤

第 1 步　在括号中填入改变视角之后的表达。

第 2 步　大家互相交流。

三言两语

·这是一种改变看问题视角的心理框架的变换（改变思考的成规）。

·如果我们只关注一个人的缺点的话，我们就只能看到他的缺点。于是对这种缺点的负面看法就会成为我们的第一层感情，使我们更容易愤怒。

·将这个步骤应用到日常生活中去，能帮助我们更轻松地建立良好的人际关系。

·为了让我们能够积极地去看待消极的事情，将消极的事情定义为会让我们发生改变的某种"机会"或许更容易理解。

·该步骤中可能会出现的答案示例（答案未必只有 1 种）：

性格相关

·畏首畏尾→节制的；我行我素→积极的；吵吵闹闹→热闹的；爱讲道理→理性的；多管闲事→关心别人的；狂妄自大→有主见的；轻率大意→心胸开阔的。

事件相关

·摔倒了受了伤→没有骨折真的太好了；输了比赛→发现了自己的弱点，是使自己变得更强的机会；吵架了→是关系变得更好的机会。

||||||||||||从"讨厌"中找到"好棒！太好了！"||||||||||||

畏首畏尾的人 ➜ （   ）的人

我行我素的人 ➜ （   ）的人

吵吵闹闹的人 ➜ （   ）的人

爱讲道理的人 ➜ （   ）的人

多管闲事的人 ➜ （   ）的人

狂妄自大的人 ➜ （   ）的人

轻率大意的人 ➜ （   ）的人

摔倒了受了伤 ➜ （   ）

输了比赛 ➜ （   ）

吵架了 ➜ （   ）

成为想要成为的人吧！

目的

· 能够切实去执行自己在生气时想要采取的行动。

该环节的步骤

第 1 步 想象一下自己想要成为的人。

第 2 步 尝试写出那个人在生气的时候会采取怎样的行动。

第 3 步 将自己写下来的内容付诸实践。

注意点

· 如果有孩子一时想不出"想要成为的人"，无法设定目标的话，不要强迫他去做，要给予他关怀。

三言两语

· 这是一种扮演角色的技巧。这种技巧的原理在于"因为后天因素对性格的形成影响很大，所以研究想要成为的人，并按照他的风格去行动的话，就可能让自己变成那个你想要成为的人"。

· 如果关于"那个人是怎么生气的？"这个问题，不能顺利写出答案的话，说明那个人有可能不是自己想要成为的人。这时，可以试试再找其他的人。

· 这个想要成为的人，可以是动漫中的角色，可以是父母，也可以是朋友等任何人。

|||||||||||||||||||||||||||| **成为想要成为的人吧!** ||||||||||||||||||||||||||||

你心中认为"如果能变成这样就太好了"的人是谁?

....

....

....

那个人是如何生气的?

他的态度

....

....

他会说的话

....

....

....

3 条 "好好……"

目的

· 把握日常生活中要认真留意的事。

该环节的步骤

第 1 步　按照右侧的内容进行说明。

第 2 步　睡眠时间是多久?

　　　　"好好吃东西"指的是怎么吃,吃什么?

　　　　"好好笑"要怎么笑?

　　　　关于这些问题分别进行交流。

三言两语

· 请参照 41 页的专栏。

|||||||||||||||||||||||||||| 3 条 "好好……" ||||||||||||||||||||||||||||

① 好好睡觉

几点睡觉？几点起床？

睡觉时间 _____ 点　　　　　　起床时间 _____ 点

② 好好吃东西

吃什么？

③ 好好笑

试一试！

刺激五感

目的

· 了解通过使用五感可以达到放松的目的。

· 减轻压力，不让心灵水杯蓄水。

该环节的步骤

第1步　说明"五感是什么"的问题。

第2步　说明使用五感的好处。

第3步　思考使用五感到底是怎样使用，大家一起尝试。

三言两语

· 五感指的是视觉（眼睛）、听觉（耳朵）、嗅觉（鼻子）、味觉（嘴巴）和触觉（皮肤）。据说刺激五感可以增强大脑活性、提高免疫力、减轻压力。

免疫力提高了，身体就能更健康。压力减轻了，每天就能过得更愉快，心灵水杯中的水自然而然就减少了。

刺激五感

试着用身体去感受吧！

在室内刺激五感的方法

视觉　　现实找不同：首先确定一个场景，观看并记忆 30 秒，之后让别人帮忙变换某些物品的位置，然后寻找不同。

听觉　　听一首曲子，判断使用了什么乐器。

嗅觉　　（吃饭前）判断闻到了什么味道。

味觉　　品味吃到的食物，感受食物的味道，甜味、辣味等。

触觉　　触摸身边的各种物品，感受触感的不同。

在室外刺激五感的方法

郊游　　与大自然接触，享受美丽的景色，闻各种花草树木的味道，听鸟鸣，吃美味的食物，就可以使五感受到愉快的刺激。

使用五感抑制愤怒的技巧

通过视觉（看天上的云、看花草树木）、听觉（注意听能听到的声音）、嗅觉（注意味道）、味觉（喝水等）、触觉（触摸冷的物体、触摸衣服）等，将意识集中在五感中的任意一感上，从眼前的愤怒场景中转移注意力，就可以防止愤怒的反射。

愤怒管理中还有一种技巧叫作"精彩瞬间"。

这种技巧是指，在一瞬间回想起"人生中最棒的瞬间"的心情并再次体验的过程。不管再苦再累，这种体验都能给你勇往直前的勇气。

回想过去，从我与愤怒管理相遇的那一刻，我的"精彩瞬间"就接踵而至了。

当我第一次登台演讲时，我走上讲台，大家的目光都集中在我身上的瞬间。

当我与家人一起在傍晚时分大笑，切实地感受到"啊，笑容真的变多了"的瞬间。

当我听到听讲座的人对我说"学习愤怒管理真是太好了"的瞬间。

当我听到听讲座的孩子的父母告诉我，孩子双眼亮晶晶的说"妈妈，你知道吗？我们可以解决掉自己的愤怒！"的瞬间。

如此种种，不胜枚举。

如果通过愤怒管理的知识，能够减少这世间一些"其实没有必要"的愤怒情绪，能够让大家拥有更多的"精彩瞬间"的话，我将感到无比荣幸。

向阅读本书的各位朋友表示衷心的感谢。